PIÈGES ET APPÂTS

PROCÉDÉS NOUVEAUX

POUR DÉTRUIRE

au moyen de pièges perfectionnés et d'appâts spéciaux

LES ANIMAUX ET INSECTES NUISIBLES

suivis de renseignements sur les appâts les meilleurs
pour la pêche à la ligne

PAR G. HENRI

PROPRIÉTAIRE, VIEUX PRATICIEN

OUVRAGE ORNÉ DE 39 FIGURES

PARIS

LIBRAIRIE AGRICOLE DE LA MAISON RUSTIQUE

26, RUE JACOB, 26

PIÈGES ET APPATS

TYPOGRAPHIE FIRMIN-DIDOT ET Cie. — MESNIL (EURE).

BIBLIOTHÈQUE DU CULTIVATEUR

PIÈGES ET APPATS

PROCÉDÉS NOUVEAUX

POUR DÉTRUIRE

au moyen de pièges perfectionnés et d'appâts spéciaux

LES ANIMAUX ET INSECTES NUISIBLES

suivis de renseignements sur les appâts les meilleurs
pour la pêche à la ligne

PAR G. HENRI

PROPRIÉTAIRE, VIEUX PRATICIEN

PARIS

LIBRAIRIE AGRICOLE DE LA MAISON RUSTIQUE
26, RUE JACOB, 26

1896

PRÉFACE

Nous avons passé la plus grande partie de notre vie à étudier les moyens les plus sûrs et les meilleurs de nous débarrasser de cette engeance des animaux nuisibles, que nous rencontrons à chaque pas, qui doit avoir sa raison d'être et son rôle à remplir, puisqu'elle a été mise sur cette terre, mais qui est bien désagréable tout de même, et qui nous cause bien des ennuis, et bien des dégâts.

Nous avons divisé ces animaux nuisibles en quatre groupes, et nous avons indiqué pour chacun d'eux *le piège* et *l'appât* préférés, et préférables afin d'assurer leur capture. Pour chaque animal, nous décrivons succinctement ses instincts, ses mœurs, pour faciliter la disposition des pièges et faire connaître les époques auxquelles on doit s'en servir de préférence.

Nous espérons que cet ouvrage, qui est le résultat d'une longue expérience et de nombreux essais, pourra rendre quelques services aux gardes forestiers, aux cultivateurs, aux jardiniers, aux ménagères, enfin à toute personne voulant se débarrasser de ces hôtes destructeurs et nuisibles.

Nous avons rigoureusement écarté de cet ouvrage l'emploi du poison, à cause des accidents qu'on a eu trop souvent l'occasion de déplorer.

Nous n'avons pas parlé, bien entendu, des grands carnassiers dont les fusils rayés, chargés de balles explosibles sont à peu près les seuls moyens de destruction ; nous avions assez de besogne avec nos mille ennemis de tous les jours, dévastateurs de nos récoltes, de nos grains, de nos légumes, de notre gibier, de nos volailles, etc., qui, si nous ne leur faisions pas la guerre, finiraient par nous envahir et par détruire toutes nos productions, et dont quelques espèces viennent nous tracasser jusque dans notre logis.

L'ouvrage est divisé en quatre chapitres : les *Carnassiers*; les *Rongeurs*; les *Oiseaux nuisibles*; les *Insectes*.

Dans un appendice, nous avons indiqué les principaux engins et appâts pour pêcher chaque espèce de poissons peuplant nos rivières et étangs.

Nous n'avons rien négligé pour rendre ce livre utile et intéressant, en divulguant les secrets de traqueurs émérites, en indiquant les pièges qui réussissent le mieux pour la capture que l'on désire faire, en décrivant les habitudes naturelles des êtres vivants compris dans ce travail, et en résumant, pour terminer, les époques, engins et appâts qui sont préférables pour la pêche.

TABLE DES CHAPITRES

CHAPITRE PREMIER

CARNASSIERS

CHAPITRE II

RONGEURS

CHAPITRE III

OISEAUX NUISIBLES

CHAPITRE IV

INSECTES

APPENDICE

PRINCIPAUX ENGINS ET APPATS POUR CHAQUE ESPÈCE DE POISSON

PIÈGES ET APPATS

CHAPITRE PREMIER

CARNASSIERS

Nous avons classé dans ce chapitre les quadru-pèdes gros et petits, qui sont reconnus nuisibles par des ordonnances et arrêtés ministériels : le Loup, le Blaireau, le Renard, le Chat sauvage, la Loutre, la Fouine, le Putois, la Martre, l'Hermine, la Belette ; par des arrêtés préfectoraux : le Cerf, le Daim, le Sanglier.

Lorsque ces ravageurs commettent un *réel* dommage aux récoltes riveraines des bois et forêts, le propriétaire, possesseur ou fermier, pourra en tout temps repousser ou détruire, même avec un fusil, les animaux qui causent le dommage ; seulement il devra se pourvoir d'une autorisation préfectorale. S'il préfère se servir de poison (moyen que nous ne recommandons nullement, en raison des dangers qu'il présente), il devra se reporter à la circulaire ministérielle du 9 juillet 1848, qui en règle l'usage.

La même circulaire règle aussi l'usage des pièges. Néanmoins nous engageons à ne pas en tendre dans les chemins, allées ou sentiers, à ne pas les laisser tendus pendant plusieurs jours ; il vaut toujours mieux, pour éviter des accidents, les tendre vers le soir, les relever le matin de très bonne heure et mettre quelques écriteaux apparents pour indiquer que des pièges sont tendus dans telle ou telle partie de la propriété.

La loi du 5 avril 1884 donne le droit aux maires, après en avoir référé à l'administration supérieure, d'organiser des battues pour détourner et même détruire avec des armes à feu les loups, sangliers, etc., qui, par leur nombre, deviendraient un véritable danger ou causeraient de trop grands dégâts aux récoltes.

LE LOUP

Ce carnassier a la conformation du chien, avec lequel on obtient des métis féconds. Son pelage est gris fauve, sa queue est velue et droite; il a les yeux obliques à iris d'un jaune fauve. Il évente son ennemi ou sa proie à de très grandes distances, il fuit l'homme à pied, mais on le voit suivre le cavalier, surtout lorsque celui-ci est accompagné d'un chien qu'il cherche à saisir si l'occasion s'en présente. Lorsque la faim le pousse, il s'attaque aux femmes et aux enfants; dans certaines contrées, les loups se réunissent en bandes pour parcourir les campagnes, entrer dans les cours mal closes des habitations ou des fermes et y commettre de véritables déprédations.

Il habite les pays montagneux et boisés et dort le jour dans quelque caverne ou excavation naturelle située en forêt; c'est la nuit qu'il fait ses expéditions, à la recherche de sa nourriture. Il est très redoutable pour les troupeaux et pour les volailles qui s'écartent de la ferme, il attaque même les chiens, les jeunes surtout.

Un premier moyen de s'en débarrasser consiste à le tuer au fusil, à l'affût; pour cela on se fait une cachette avec des broussailles; puis à 25 ou 30 mètres, on retient enfermé, soit un mouton, soit une oie, entre des piquets formant une enceinte suffisante pour contenir cet appât vivant. Il faudra placer cette enceinte par rapport à la cachette dans la direction d'où vient le vent, afin que les émanations du chasseur ne puissent être senties du loup.

Les cris de l'animal enfermé ne tarderont pas à attirer le carnassier qu'on s'empressera d'abattre avec le fusil chargé de chevrotines.

Un autre moyen de se débarrasser du loup et qui réussit ordinairement, c'est de tendre, tout près de l'enceinte où est enfermé l'appât vivant, un fort piège (fig. 1), appelé traquenard, ou piège à palette, d'une longueur de 65 centimètres, et qui sert à le capturer.

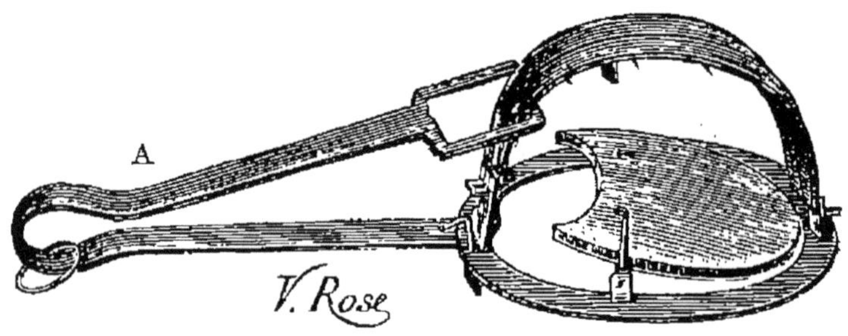

Fig. 1. — Piège à palette détendu.

Ce piège comprend un cercle en fer sur lequel sont fixés : un ressort A en acier trempé, deux demi-cercles en fer garnis de dents, une palette en bois ou en tôle portant sur le côté une tige en forme d'équerre, disposée pour retenir ouverts les deux demi-cercles et enfin un crochet de sûreté.

Le loup en faisant le tour de l'enceinte, pour chercher à s'emparer de l'appât, ne manquera pas de poser une de ses pattes sur la palette du piège qu'on aura dissimulé avec des herbes ou des feuilles semblables à celles qui se trouvent en cet endroit ; aussitôt le piège se détend et l'animal est pris par la patte ; il cherche naturellement à se débarrasser de sa manchette, mais comme on aura préalablement attaché le piège à une cepée voisine, le loup sera retenu prisonnier ; alors avec un gros gourdin, on l'assommera en le frappant sur le museau surtout.

Il est utile avant de tendre le piège de s'assurer qu'il ne lui reste aucune tache de rouille et de le graisser légèrement avec du saindoux, du galbanum et du camphre fondus ensemble.

Le maniement de cet engin est très facile, en raison du crochet de sûreté dont il est pourvu et qui permet de rétablir, sans danger de le faire jouer, la terre, le sable ou les feuilles destinées à le recouvrir une fois tendu.

La fig. 2 fait voir le piège tendu avec le crochet de sûreté retenant le ressort et permettant de manœuvrer le piège avec la plus grande sécurité.

Pour le tendre (fig. 2), on appuie le ressort avec
le pied, afin de dégager les cercles, qu'on ouvre
suffisamment pour faire prendre l'un d'eux sous
le crochet de sûreté; une fois qu'on s'est assuré
que le premier cercle est bien arrêté, on fixe le
second sous le crochet de la palette. Dans cette

Fig. 2. — Piège à palette tendu.

position, on achève de recouvrir le piège de terre
ou de sable. Il ne faut pas oublier de détourner
le crochet de sûreté, pour que le piège soit définitivement tendu.

Primes. — Nous croyons devoir faire connaître
ici les primes qui sont accordées pour la destruction des loups.

La loi du 3 août 1882 abroge celle du 10 mes-
sidor an V et fixe les primes ainsi qu'il suit :

Cent francs par tête de loup ou de louve non
pleine ;

Cent cinquante francs par tête de louve pleine;

Quarante francs par tête de louveteau (on entend par louveteau l'animal dont le poids est inférieur à huit kilogrammes).

La prime sera élevée à 200 francs lorsqu'il sera prouvé que le loup tué s'est jeté sur des êtres humains.)

L'abatage sera constaté par le maire de la commune sur le territoire de laquelle l'animal a été abattu. Il en sera dressé un procès-verbal qui servira au paiement de la prime.

Un crédit spécial est ouvert au budget du Ministère de l'Agriculture et la prime est payée par l'État au plus tard le quinzième jour de la constatation de l'abatage.

Les formalités à remplir pour être payé de la prime sont indiquées par le décret du 28 novembre 1882, dont chaque mairie est dépositaire.

LE BLAIREAU

Le blaireau est un animal paresseux, défiant, solitaire, qui, à la moindre apparence de danger, regagne sa demeure souterraine que la faim seule lui fait quitter. Il est de la taille du renard, mais ses pattes sont beaucoup plus courtes que celles de ce dernier ; il marche complètement sur la plante du pied, ses mouvements sont lourds, et par suite, il se laisse souvent atteindre par le chien qui le chasse. Il est armé d'ongles forts et allongés qui lui permettent de creuser facilement son terrier. On tire très bon parti de sa peau et de ses poils qui ont une certaine valeur ; sa graisse est employée avec succès dans la composition de plusieurs médicaments.

Cet animal est classé parmi les bêtes puantes et passe la plus grande partie de sa vie dans les terriers. Il trouve facilement sa nourriture, car il a l'odorat très sensible. Il se repaît de jeunes lapereaux, d'œufs de faisans, d'œufs de perdrix, etc.

Il dévaste les vignobles et fait grande consommation de grappes de raisin qu'il presse entre ses pattes pour en extraire le jus ; il attaque les ruchers et, sans craindre les piqûres des abeilles, il s'empare de leur miel.

Il y a deux moyens de le prendre :

Le premier consiste à tendre, à l'entrée du terrier, vers deux ou trois heures du matin, une bourse faite de très grosse ficelle dont le *maître* sera solidement attaché à une branche voisine ;

ensuite on introduit la bourse, aussi profondément que possible dans le terrier, en ayant soin de ramener en avant l'extrémité du filet opposée à celle du coulant.

Après cette opération, on lâche un chien courant qui trouve bientôt la piste du blaireau et se met à aboyer. Aux premiers bruits, le peureux animal se dirige vers son terrier, à quelques pas duquel on se tiendra caché. Le blaireau, s'empressant de rentrer, se bourse. On s'en empare en le maintenant sur le sol avec un fort bâton, puis on l'introduit dans un grand sac que l'on aura apporté à cet effet et enfin, pour le tuer sans détériorer la fourrure, on frappe très fortement contre un arbre sac et blaireau. (Voir à l'article Lapin, la description d'une bourse et la manière de la tendre.)

Le second moyen consiste à tendre à l'entrée du terrier un piège à palette de forte dimension, ayant une longueur de 50 à 60 centimètres.

Pour procéder à cette opération, on remarquera d'abord dans quel état se trouve le sol à l'entrée du terrier, afin de le rétablir semblable, autant que possible ; dans ce but, on recouvrira le piège avec la terre ou le sable que l'on aura préalablement retiré pour faire son emplacement ; le piège devra être complètement encastré et retenu par une chaîne à un piquet que l'on aura fortement enfoncé dans le sol à cet effet.

LE RENARD

Le renard est un animal des plus rusés. Le bon La Fontaine n'a rien exagéré dans le portrait qu'il nous a tracé, de tant de manières différentes, de ce fin matois. On doit cependant reconnaître qu'il est excellent père de famille ; car, non seulement il pourvoit à sa propre existence, mais d'abord à celle de ses petits pour lesquels il manifeste la sollicitude la plus touchante. Il emploie toutes ses ressources pour aller marauder et rapporter à ses enfants la pitance que son flair extraordinairement fin lui a fait découvrir.

On le rencontre surtout dans les bois giboyeux où il cause les plus grands dégâts ; il fait de longues randonnées en plaine pour y surprendre les levrauts, les perdrix, les cailles, les alouettes et lorsque sa chasse ne lui a pas suffi, il franchit les clôtures pour pénétrer dans les basses-cours : là il met tout à mort et se retire lestement en emportant sa proie qu'il cache sous la mousse ou dans son terrier.

Pour le capturer ou le détruire, on emploie les divers moyens ci-après :

1° Après avoir bouché les entrées de sa demeure, vers deux ou trois heures du matin, on chasse le renard au chien courant. On se place, armé d'un fusil chargé avec du plomb n° 4, sur le terrier où naturellement l'animal poursuivi vient pour rentrer. On peut aussi se poster avantageusement sur un arbre voisin des terriers.

2° On emploie des bassets ou bien des chiens terriers qui s'introduisent dans sa demeure et l'en font sortir. Alors, le chasseur placé à une certaine distance du terrier et de manière que le vent ne révèle pas au renard sa présence, l'abat, s'il est adroit tireur.

3° Le renard habite généralement son terrier pendant le jour et en sort aussitôt la nuit arrivée pour chercher sa nourriture. On profite de cette habitude pour tendre aux entrées de sa demeure des pièges à palette (fig. 1, page 4) que l'on dissimule avec du sable ou des feuilles et avec toutes les précautions indiquées page 9 pour prendre le blaireau.

4° Lorsque la neige recouvre le sol, cet animal

qui devient affamé, ne manque pas de visiter les tas de fumier apportés dans la plaine par les cultivateurs.

On profite de cette habitude pour employer contre lui un piège à engrenage (fig. 3 et 4) de 33 à 35 cent. de grandeur. Cette chasse doit être faite de préférence au moment de la gelée. Le meilleur endroit pour tendre ce piège est un champ dans lequel se trouvent des tas de fumier nouvellement apportés et autant que possible à 2, 3 ou 400 mètres du bois habité par les renards.

Au pied des tas de fumier, qui sont ordinairement espacés de 15 à 20 mètres, on fait deux ou trois faux pièges, c'est-à-dire qu'on étend de la menue paille, sur une surface de $0^m,60$ environ, au centre de laquelle on pose une bouchée de pain rôtie et graissée avec l'appât spécial que nous allons décrire à la fin de cet article.

Une semblable bouchée de pain est attachée à la détente du piège que l'on tendra en suivant l'explication indiquée à la page 15 et ne pas oublier de placer la cheville de sûreté, puis, cette précaution prise, on placera le piège près d'un tas de fumier et après avoir placé un petit carré de papier sur les engrenages, on le recouvrira de me-

nue paille, de manière à laisser visible la bouchée
de pain seulement. Enfin on fixera le piège au sol
au moyen d'un piquet et d'une chaîne. Si le champ
où se trouvent les tas de fumier est grand, on
pourra y tendre deux ou trois pièges en les
espaçant l'un de l'autre de 40 à 50 mètres et
faire encore deux ou trois faux pièges sur lesquels
la traînée, dont il va être parlé, devra passer.

Il s'agit maintenant d'amener le renard aux
pièges : on prend un lapin ou un chat que l'on
dépouille, on le fait rôtir en le graissant avec
l'appât spécial ci-dessous ; ensuite on attache l'a-
nimal au bout d'une gaulette de deux à trois mètres de longueur afin de faire une piste ou traînée
qu'on aura soin d'éloigner le plus possible de
celle de ses pas. On comprend que cette précaution a pour but d'empêcher le renard de sen-
tir l'odeur humaine. Vers les huit heures du soir,
on fera cette traînée autour du bois ou en suivant
des allées si le bois est trop grand, puis on se
dirigera vers le champ de fumier ; on fera passer la piste sur les pièges et pour la fermer
on reviendra au point de départ par un chemin
différent. Le renard entrera dans la piste à un
point quelconque, la suivra et arrivera au premier faux piège où, après mille précautions, il

finira par prendre la bouchée de pain, puis suivra de nouveau la traînée, arrivera au deuxième faux piège ; cette fois il prendra la bouchée de pain avec moins d'hésitation et quand il atteindra le piège, il saisira avidement le pain, aussitôt il sera pris par le cou.

Malgré la finesse de cet animal, l'expérience de

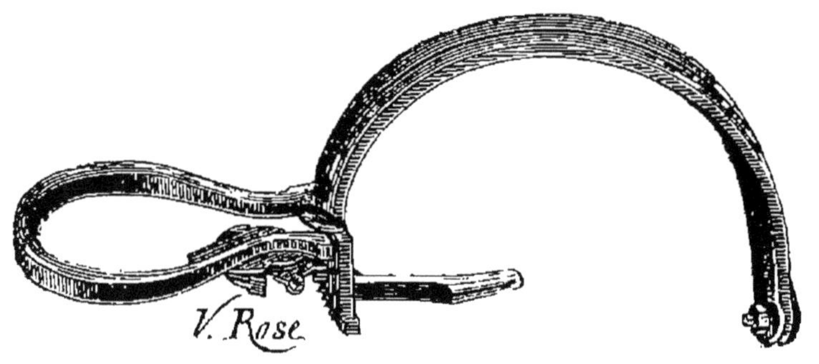

Fig. 3. — Piège à engrenage, détendu.

ses congénères ne lui sert pas. La présence du renard pris n'empêche pas un autre de venir se prendre dans le piège qui est tendu à 40 ou 50 mètres plus loin.

Le matin de très bonne heure, on viendra visiter et relever les pièges pour recommencer le soir à proximité d'un autre bois.

Le piège à engrenage (fig. 3) est construit tout en acier ; les deux demi-cercles qui le composent sont reliés d'un bout par une double denture en quart de rond, appelée engrenage et qu'un ressort en forme d'U rapproche l'une contre l'autre. Un encliquetage porte-appât est maintenu dans un cran, lorsque le piège est tendu, par une petite virgule qu'une plus grande vient arrêter définitivement ainsi qu'il va être expliqué ci-après.

Manière de tendre facilement ce piège :

Avant de s'en servir, il faut d'abord s'assurer qu'il ne lui reste pas la moindre tache de rouille, puis le graisser avec l'appât décrit à la suite de cet article et dont l'odeur et le goût plaisent considérablement à ces animaux.

Comme on le voit par la figure 3 ci-contre le piège à engrenage se compose comme il vient d'être dit, de deux demi-cercles que le ressort ramène l'un contre l'autre et qu'il faut commencer par écarter pour le tendre. Pour y parvenir on passe les quatre doigts de chaque main sous les demi-cercles et avec les pouces on exerce une pression à la face supérieure de manière que le pouce droit écarte le cercle de gauche et le pouce gauche le cercle de droite ; on obtient ainsi une ouverture suffisante pour que les huit doigts y entrent, puis en se mettant à genoux on pose le piège par terre, la queue ou le ressort en dehors ;

alors on continue à ouvrir les demi-cercles entre lesquels on introduit un ou deux genoux selon la grandeur du piège, alors on peut maintenir ces demi-cercles aplatis sur le sol au moyen des genoux seulement et l'on obtient ainsi un cercle complet. Les mains étant devenues libres, on abaisse la grande virgule de l'engrenage sur la petite qui arrête le cran de la détente et

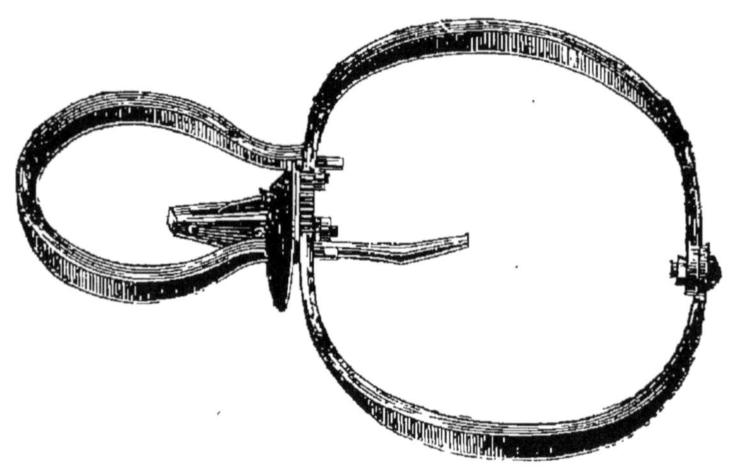

Fig. 4. — Piège à engrenage, tendu.

enfin on introduit dans le trou de la palette une cheville en bois appelée *cheville de sûreté*, qui empêche la détente de fonctionner et tient le piège tendu (fig. 4).

On peut alors le manœuvrer à son aise, sans le moindre danger. Maintenant il faut fixer l'appât (qui sera un œuf frais pour la fouine et le putois et une bouchée de pain frite dans la composition ci-après pour le renard,) à un petit bout de ficelle passé dans le conduit et attaché à la détente; l'autre extrémité de la ficelle sera collée sur l'œuf avec de la cire jaune à parquet qu'on aura fait fondre. Si l'appât est une bouchée de pain frite, on l'attachera tout simplement avec la ficelle. Une fois le piège amorcé, on n'a plus qu'à le placer à l'endroit choisi, bien le recouvrir de menue paille, et surtout ne pas oublier de retirer la cheville de sûreté.

Ainsi qu'on le voit par cette figure, ce piège est tellement aplati qu'il est facile de le dissimuler avec de la menue paille.

Appât à renard :

Galbanum	5	grammes.
Poudre d'iris de Florence	5	—
Poudre de racine de valériane	10	—
Fenu grec	10	—
Essence d'anis vert	10	gouttes.

Faire un mélange de ces substances avec 150 à 200 grammes de saindoux que l'on fera fondre au bain-marie dans un vase de porcelaine et, avant refroidissement, ajouter 5 grammes de camphre en poudre.

Autres appâts à renard :

Faire fondre sur un feu doux 200 grammes de graisse d'oie, ensuite y ajouter : 20 grammes d'iris de Florence, deux oignons de lis coupés par morceaux, 15 grammes de fenugrec, 40 grammes de seconde écorce de réglisse sauvage, 5 grammes d'anis.

Laisser cuire le tout ensemble sur un petit feu, puis tirer au clair en se servant d'une passoire fine et ajouter 10 grammes de camphre avant refroidissement de la composition.

Cet appât se conserve parfaitement dans des flacons hermétiquement bouchés. Il est préconisé par un assez grand nombre de gardes, c'est pourquoi nous avons indiqué la manière de le préparer.

Voici une autre formule, employée par Jean Pierret, de Sainte-Enimie, connu dans sa région pour le plus fin des piégeurs : Graisse de porc fraîchement tué, 500 grammes que l'on fera fondre dans une casserole de terre neuve.

On y ajoutera :

Oignon blanc coupé en tranches et pomme de reinette également coupée en tranches; on chauffera jusqu'à demi-cuisson ; puis on ajoutera encore 50 grammes de miel vierge et on laissera tiédir.

Avant refroidissement, on additionnera à ce mélange : 15 grammes de camphre en poudre, 3 gouttes d'huile d'anis et 3 gouttes d'essence de lavande, puis on agitera le tout avec une spatule en bois jusqu'à complet refroidissement.

Notons ici que renards, fouines, etc., n'aiment pas l'odeur du tabac et que pour tendre les pièges, il ne faut pas être porteur de pipe, de cigare, ni même de cigarette.

LE CHAT SAUVAGE

Le chat sauvage est un animal d'une agilité et d'une vigueur extraordinaires. Son pelage est gris avec rayures en travers du corps ; il est beaucoup plus gros que le chat domestique qui, parfois, élit domicile dans le bois, mais qu'il est toujours facile de reconnaître en raison de la couleur de sa robe. Tous deux sont également très nuisibles et les mêmes moyens de destruction s'appliquent à l'un comme à l'autre.

Le chat sauvage habite les grands bois et les contrées montagneuses ; il chasse la nuit et s'attaque aux levrauts, lapereaux, faisans, etc. Il grimpe sur les arbres pour y saisir les petits oiseaux, ou se mettre à l'abri de ses ennemis. On profite de ses habitudes pour le chasser avec des chiens et le tuer au fusil.

On peut aussi le prendre avec un piège à palette (fig. 2, page 6), sur la planchette duquel on aura attaché un oiseau frais après toutefois avoir recouvert le piège d'herbe ou de feuilles.

Le grand assommoir, indiqué comme quatrième moyen pour capturer la *Fouine,* est aussi très efficace pour détruire le chat sauvage. (Voir cet article.)

LA LOUTRE

Ce carnassier a le pelage brun foncé sur le dos et brun clair sous le ventre ; il a les pieds palmés, les jambes courtes, la queue aplatie et la tête large ; il marche difficilement, mais il nage et plonge avec la plus grande facilité.

Sa fourrure est très estimée dans la pelleterie ; sa peau sert à faire des casquettes auxquelles un vaudeville a donné une certaine célébrité.

Cet animal habite toujours les lacs, les étangs et les rivières et se nourrit principalement de poissons. Dans le jour, la loutre reste blottie dans les fentes de rochers ou dans le creux d'un vieil arbre ou encore sous d'épaisses broussailles ; c'est la nuit qu'elle chasse ou plutôt qu'elle pêche. Lorsqu'elle établit son domicile près d'un étang de quelques ares, elle vient à bout de le dépeupler et l'on ne tarde pas à s'apercevoir de sa présence ; car elle laisse toujours sur le bord de la pièce d'eau des têtes de poissons, des écailles ou d'autres débris qui la trahissent.

Pour se débarrasser de cet hôte destructeur, on se sert de chiens courants griffons qui chassent la loutre dans les parties des marécages ou des rivières où il y a peu d'eau et la suivent même dans les endroits plus profonds. On profite d'un moment où la loutre se trouve à une certaine distance du chien pour la tirer avec un fusil chargé de plomb n° 4.

On se sert aussi pour la capturer de pièges à palette (fig. 2, page 6), d'une longueur de 54 centimètres que l'on dissimule dans la coulée ou chemin qu'elle forme sur le bord des étangs. On peut encore le tendre près d'un moellon ou morceau de pierre sur lequel la loutre aime à se reposer et que l'on aura placé à cet effet près de l'étang.

Cet animal ayant une certaine force, il faut

employer le piège à palette servant à prendre les renards et il ne faut pas oublier de l'attacher à un piquet après l'avoir recouvert d'herbe ou de feuilles.

LA FOUINE

Ce carnassier approche de la taille du chat; son pelage est brun et le dessous de la gorge blanchâtre; sa peau est recherchée comme fourrure; ses pattes sont courtes, surtout celles de devant. Il a, du bout de la queue au museau, une longueur de 70 à 80 centimètres. C'est un animal très souple et très agile qui court, saute et grimpe avec la plus grande facilité.

Il habite, en été, les bois et s'introduit dans les terriers; en hiver, il loge dans les greniers à foin ou sous les fagots du bûcher; il dort pendant le jour et aussitôt la nuit arrivée, il se met en quête pour chercher sa nourriture et celle de sa famille. S'il parvient à pénétrer dans la paisible retraite de nos volatiles de basse-cour, il lui arrive souvent de les étrangler tous; après avoir sucé le sang et mangé la cervelle de quelques-uns, il laisse les autres pour les reprendre la nuit suivante et, selon leur grosseur, il en emporte un ou deux pour sa progéniture.

En un mot cet animal cause beaucoup de dégats : dans les bois où il vit de gibier, dans les poulaillers et pigeonniers où il pénètre, dans les jardins où il se nourrit des plus beaux fruits. Il détruit cependant quelques souris, mais c'est lorsqu'il ne trouve rien de mieux à son goût et qu'il y est contraint par la faim. Il faut donc employer tous les moyens possibles pour le capturer en décembre, janvier et février; du reste il en vaut la peine par la richesse de sa fourrure qui a beaucoup de valeur.

Nous indiquerons par ordre de préférence six moyens pour le prendre :

Les deux premiers, l'affût et le poison, ne seront jamais recommandés par nous en raison des dangers qu'ils présentent. En effet, le plomb d'un coup de fusil peut ricocher et atteindre une personne qui se trouverait près de là et dont on ignorerait la présence; le poison qu'on introduit dans un oiseau ou dans de la viande hachée peut être mangé par un chien ou par un chat.

Le troisième consiste dans l'emploi du piège à palette (fig. 2, page 6); il réussit assez bien, surtout si on le dissimule soigneusement, mais il ne fant pas le tendre dans les endroits fréquentés par les chats, si, bien entendu, on ne veut pas détruire ceux-ci.

Le quatrième est le grand assommoir de 1^m,20 à 1^m,30 de longueur, sur 35 à 40 centimètres de largeur.

Fig. 5. — Grand assommoir tendu.

Ce piège assommoir (fig. 5.) est composé d'une planche épaisse, formant le dessus, surchargée d'un moellon ou d'un pavé et retenue, d'un bout, par deux axes se mouvant dans un cadre ou châssis horizontal ; une potence de 30 à 35 centimètres de hauteur est établie à l'autre bout de l'assommoir ; une planche mince ou marchette de 8 à 10 centimètres de largeur est fixée avec des charnières d'un bout du côté des axes, par dessous la grosse planche, l'autre extrémité de la marchette, qui est percée d'une ouverture de 2 centimètres de diamètre, est libre.

Une grosse ficelle est arrêtée d'un bout au milieu de la potence ; à l'autre bout de cette ficelle est attaché un bâtonnet de 25 à 30 centimètres de longueur servant de taquet ou de buttoir à la marchette afin d'élever l'extrémité de celle-ci, du côté de la potence, d'environ 4 centimètres au-dessus du sol. Ce taquet est pointu du bout qui doit pénétrer dans l'ouverture de la marchette et arrondi de l'autre bout.

La ficelle qui le retient est placée à environ 8 centimètres du bout arrondi, de sorte que si l'on veut tendre l'assommoir, il faut placer l'extrémité arrondie du taquet dans une concavité faite sous la grosse planche, qui se trouve ainsi maintenue à 30 ou 35 centimètres de hauteur, et en même temps entrer un peu l'autre extrémité du taquet dans l'ouverture de la planchette que l'on soulèvera à cet effet de 4 ou 5 centimètres du sol.

Il est facile de comprendre que lorsque l'animal pose une de ses pattes sur la marchette, celle-ci s'abaisse, le taquet se dégage et alors la grosse planche surchargée de son pavé écrase le destructeur.

Cet assommoir est toujours tendu dans une allée dépourvue d'herbe et qui, si elle est plus large que la longueur du piège, devra être diminuée au moyen de fagots ou bourrées que l'on placera sur une longueur de trois à quatre mètres de chaque côté de l'assommoir, de manière à réduire le chemin du fauve pour l'obliger à passer dans le piège, ainsi qu'il est représenté par la figure 6.

Nous recommandons moins ce piège que les deux suivants parce que certains gibiers, que l'on voudrait conserver, pourraient s'y faire prendre.

Le cinquième consiste dans l'emploi de la boîte longue à deux entrées, fig. 8, page 36, que l'on tend sur le passage de l'animal ou à son entrée dans les greniers à fourrage.

Dans les bois on pratique un sentier de 30 à 40 centimètres de largeur à travers les taillis, c'est-à-dire que l'on relève sur cette largeur et sur la plus grande longueur possible, cinq à six centimètres d'épaisseur de terre afin de faire un chemin propre qui n'ait plus d'herbes ni de feuilles.

Vers le milieu de la longueur de ce sentier, on

Fig. 6. — Grand assommoir placé dans une allée.

tendra ce piège en ayant soin de dissimuler ses

entrées avec des branchages feuillus ou avec de la bruyère. A quinze ou vingt mètres du piège, dans chaque sens, faire sur le sentier des faux pièges, c'est-à-dire établir des espèces de petits tunnels avec les mêmes branches ou feuillages afin de déjouer la défiance de l'animal.

La fouine qui, comme le putois, l'hermine, la belette, etc., n'aime pas circuler en temps de pluie ou de brouillard à travers les taillis ou les herbes, suivra de préférence le petit sentier et passera infailliblement dans la boîte-piège dont les deux portes s'abaisseront lorsque l'animal mettra la patte sur la marchette qui se trouve au milieu de la longueur du piège.

Une fois le fauve pris, on ouvre une des portes du piège à l'entrée d'un sac, l'animal croyant s'échapper s'y introduit et on le tue en frappant le sac contre un arbre ou sur le sol.

Le sixième moyen, celui qui a toujours donné des résultats satisfaisants, consiste dans l'usage du piège à engrenage (fig. 3, page 14). Il est regrettable qu'il faille prendre beaucoup de précaution pour le tendre afin de ne pas s'y trouver pincé; c'est pourquoi nous avons indiqué, à l'article *Renard*, la manière de s'en servir.

Opérations préliminaires : lorsqu'on s'est aperçu

de traces de fouine, ce qu'il est facile de reconnaître à la fiente que ces animaux laissent dans les endroits qu'ils fréquentent, on fait des faux pièges soit avec de la menue paille, soit avec de la poussière, soit encore avec des herbes fines, qu'on dispose en rond d'une épaisseur de 4 à 5 cent. et d'un diamètre de 50 à 60 cent. et sur le milieu duquel on dépose un œuf de manière à ce qu'il soit bien visible. Si l'animal est affamé, il emportera cet appât la première nuit, mais s'il n'a pas bien faim, il pourra être trois ou quatre nuits sans y toucher.

Aussitôt qu'on s'apercevra que l'œuf est enlevé, il faudra poser le piège tendu à l'avance, à la place de la menue paille qu'on aura relevée de côté pour la remettre sur le piège lorsque celui-ci sera mis en place, en ayant bien soin de le couvrir.

Une fois le piège bien posé d'aplomb et bien couvert, à l'exception de l'œuf bien entendu, on retire la cheville de sûreté dont nous avons parlé en indiquant la meilleure manière de tendre le piège à engrenage (page 15).

Il arrivera que l'animal sera trois ou quatre jours sans venir, mais il ne faut pas pour cela perdre patience, car il est très méfiant et ce n'est souvent qu'au bout de quelques jours qu'il se décide à enlever l'œuf : alors il est pris.

Il faut éviter autant que possible de conserver trop longtemps l'œuf dans les mains, afin de ne pas lui laisser l'odeur spéciale à la race humaine et que l'animal sait parfaitement reconnaître.

On éviterait les délais dans la capture, en se servant, pour toutes les manœuvres, de gants frottés préalablement de l'appât ci-après :

Musc........................	1 décigramme.
Camphre......................	1/2 gramme.
Poudre de fenugrec.............	2 grammes.
Essence de thym...............	6 gouttes.
Beurre de muscade.............	1 gramme.
Saindoux......................	125 grammes.

Faire fondre le tout au bain-marie, dans un vase de terre bien propre, mais qui aura déjà servi. On conserve cet appât dans des petits pots en faïence ou en porcelaine qu'on aura soin de clore hermétiquement. Il faudra, avant de tendre le piège, le graisser avec cette composition, qui servira aussi à enduire les bouchées de pain devant servir d'appât.

LE PUTOIS

Ce quadrupède possède à peu près les mêmes habitudes que la fouine. On lui reproche en plus de faire des ravages dans les viviers : il se tient immobile au bord des étangs et lorsqu'un poisson est à sa portée, il se jette à l'eau et plonge même pour le saisir. (Voir *Fouine*, page 22.) Nous recommanderons les mêmes moyens pour le prendre que ceux qui sont employés pour cette dernière. Cependant nous indiquons de préférence la boîte longue à deux entrées, de 1 mètre environ de longueur (fig. 8, page 36).

On place cette boîte sur le passage fréquenté par le putois, après avoir mis sur la bascule un œuf, un oiseau ou un morceau de pomme. Lorsqu'il ne gèle pas, il faut plutôt se servir d'un œuf, car c'est le meilleur appât pour attirer le putois qui en est très friand.

LA MARTRE

La martre (ou *marte*) est un petit carnassier qui a, du bout de la queue au museau, une longueur d'environ 60 centimètres ; son pelage est brun brillant avec une tache jaune clair sous la gorge. Comme forme elle ressemble à la fouine, mais elle a le museau beaucoup plus allongé ; elle diffère de celle-ci par ses mœurs qui sont plus sauvages ; elle fuit les habitations pour demeurer dans les bois où elle poursuit les oiseaux jusque sur les arbres et les lapereaux jusque dans les terriers.

On emploiera pour la capturer les mêmes moyens que nous indiquons à l'article *Belette*. On pourra également se servir du piège à palette (fig. 1, page 4), que l'on amorcera avec un oiseau nouvellement tué.

L'HERMINE

L'hermine est un petit quadrupède très rare en France. Sa fourrure est recherchée, et n'a de valeur qu'en hiver, au moment où elle est blanche. En été, l'hermine est d'un blanc sale jaunâtre et est connue sous le nom de *Rousselet ;* le bout de sa queue est noir, ses pattes sont courtes et son corps est des plus souples.

Sa nourriture se compose d'œufs de perdrix et de faisans, de viande d'animaux morts et abandonnés dans la plaine ou dans les bois.

On capture l'hermine avec le piège ci-dessous
(fig. 7), pour la prendre vivante; on se servira
d'un oiseau nouvellement tué pour l'attirer dans
le piège que l'on tend d'abord, puis on posera l'oiseau près du grillage sur la marchette intérieure
et on posera ensuite le piège à l'endroit fréquenté
par l'animal. On peut également se servir du

Fig. 7. — Piège à une entrée.

piège à palette (fig. 1, page 4) qu'on dissimulera
au milieu des herbes fines et qu'on placera près
d'un sentier. On se servira pour appât d'œufs de
pigeons que l'on placera de chaque côté du piège;
on fera bien d'attacher celui-ci à un piquet au
moyen d'une forte ficelle ou d'une petite chaîne.

Le piège ci-dessus (fig. 7) peut aussi servir à
capturer ce petit destructeur. C'est une boîte à
une entrée dont la porte est fixée avec des char-

nières. Une pédale est disposée à l'intérieur près du grillage et reçoit l'appât (un oiseau ou un œuf de pigeon); elle est munie sur le côté d'une tige en forme de crochet qui retient la porte ouverte. Celle-ci retombe dès que l'animal pose la patte sur le bord de la pédale et il est fait prisonnier.

LA BELETTE

Ce petit animal, d'un roux uniforme, a l'épine dorsale très flexible; il pénètre dans des trous qui ont moins de 3 centimètres de diamètre. Sa nourriture se compose de poussins, de lapereaux, de pigeonneaux, d'œufs que son flair très développé lui fait découvrir. Il lui arrive souvent de sauter sur les lapins et quelquefois sur les lièvres, de se cramponner sur leur cou et d'ouvrir leur crâne près de la nuque; il parvient en quelques minutes à faire passer de vie à trépas son innocente victime, malgré sa course rapide et ses bonds désespérés pour se débarrasser de son ennemi.

En été, la belette parcourt les jardins et la plaine; elle niche sous des amas de pierres ou dans des trous pratiqués dans le sol par des taupes.

En hiver, elle se rapproche des habitations et se réfugie dans les greniers ; elle visite surtout les fermes où elle commet beaucoup de larcins. Il faut donc employer tous les moyens pour la détruire.

Le meilleur est de tendre près de sa résidence un piège à engrenage de 20 à 22 centimètres de diamètre et dont le mode d'emploi a été décrit à l'article du *Renard*.

On se servira, pour appât, d'un œuf ou d'un petit oiseau nouvellement tué. Il sera utile d'attacher la queue du piège avec une ficelle, soit à un piquet soit à une branche, et aussi de le dissimuler au moyen de petites feuilles, d'herbes légères ou de menue paille.

Les pièges à engrenage ont une cheville de sûreté qui permet de les manœuvrer sans danger, ainsi que nous l'avons fait remarquer à la page 16.

On peut aussi, pour capturer la belette, se servir d'une boîte longue à deux entrées munie, au milieu, d'une planchette communiquant à la détente et sur laquelle on pose un œuf. Ce piège, qui est représenté par la figure 8, page 36, est très facile à tendre. Une fois en place, on le recouvre légèrement de longue paille ou de menues branches, et l'animal n'a pas sitôt touché à la planchette du milieu que les deux portes munies de ressorts s'abattent d'un seul coup, et il est prisonnier. Pour attirer la belette dans le piège tendu, on traîne dans les allées du bois,

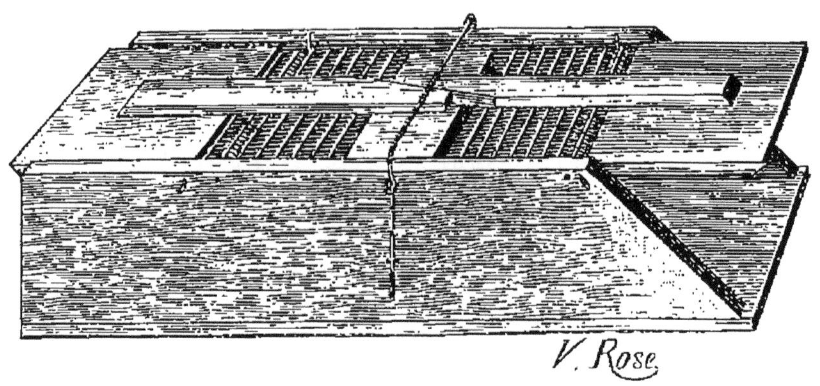

Fig. 8. — Piège à deux entrées se fabriquant de longueurs variant entre 0^m,80 et 1^m,20.

vers le soir, un lapin qui vient d'être tué et que l'on passe sur le piège sans l'y laisser.

Comme on le voit, ce piège a deux portes auxquelles sont fixées deux tiges se rabattant sur le dessus à côté l'une de l'autre pour maintenir les portes ouvertes. Un fort fil de fer en deux sections est adapté sur le dessus pour empêcher les tiges rabattues de se relever. L'extrémité de la deuxième section est introduite sous un taquet dépendant de la planchette ou pédale placée à l'intérieur, le piège est tendu ; le reste se passe comme il vient d'être dit un peu plus haut.

On capture encore ce petit quadrupède avec le piège ci-après (fig. 9) qui n'a qu'une entrée et que l'on amorce avec un oiseau attaché au crochet qui arrête la détente.

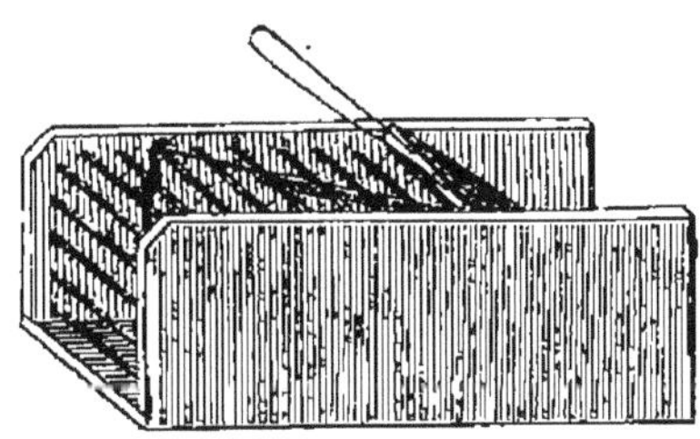

Fig. 9. — Piège à une entrée.

La porte est munie d'un ressort à boudin suffisamment fort pour maintenir la porte fermée et retenir prisonnier l'animal qui a eu la témérité de vouloir emporter l'appât.

CHAPITRE II

RONGEURS

Nous indiquons dans ce chapitre les animaux reconnus nuisibles par des arrêtés préfectoraux et qui sont : le Lapin, l'Écureuil, le Loir.

Quant aux autres rongeurs compris dans ce chapitre, ils font l'objet de mesures administratives spéciales lorsque le nombre en est tellement grand qu'ils deviennent un fléau.

LE LAPIN

Tout le monde connaît le lapin ; sa chair est exquise lorsqu'il habite les bois où poussent la bruyère, le serpolet et autres plantes aromatiques ; il est répandu dans l'Europe centrale et méridionale ; il recherche les endroits montagneux et boisés où il peut aisément se cacher. Pendant le jour, le lapin qui est extrêmement poltron, reste dans son terrier ou au gîte, sous quelque touffe d'herbe ou de bruyère. La nuit il circule pour chercher sa nourriture ; il s'attaque aux champs de blé, de luzerne, de betteraves, de choux, etc., et cause de grands dégâts.

Son pelage est très employé à la fabrication des chapeaux de feutre, et le poil du lapin français est très estimé ; on voit cependant sur le marché de Londres des balles de peaux de lapins d'Australie.

Il se reproduit avec une rapidité effrayante ; on a vu, dans une garenne, cinq ou six lapins en donner une centaine en une année. En Australie, il s'est reproduit à tel point que les colons ont demandé à M. Pasteur s'il ne pourrait leur inoculer une maladie spéciale.

Le gouvernement de la Nouvelle-Galles du Sud a fait construire une clôture en fer pour limiter ses incursions, et proposé une prime de 500,000 francs pour celui qui trouverait le meilleur moyen de les détruire.

Tous les moyens possibles doivent être employés pour s'en débarrasser : on se sert presque toujours d'un furet pour prendre le lapin, et de bourses que nous décrirons ci-après, mais on doit les tendre d'une autre manière que pour le blaireau ainsi que nous le dirons. On emploie également les pièges à palettes et des boîtes à deux entrées de 1 mètre de longueur (fig. 8, page 36). Ces pièges se tendent surtout aux passages pratiqués dans le bas des murs qui entourent les parcs.

Emploi des bourses. — Pour bien tendre une bourse, destinée à capturer le lapin, il faut enfoncer, assez profondément dans l'entrée du terrier, l'extrémité opposée aux coulants, puis étendre le filet sur toute la largeur de l'entrée de manière à couvrir complètement celle-ci en ramenant par-dessus la partie des coulants ; ensuite on enfoncera en terre la fiche et on arrêtera le *maître* qui sert à monter et tenir la bourse. Lorsque ces diverses opérations seront bien exécutées, on pourra compter sur la réussite de la véritable chasse à laquelle on se livre à l'aide du furet ; mais avant de lancer celui-ci dans le terrier d'où l'on veut forcer le lapin à sortir, il faudra s'assurer que chaque entrée est bien boursée.

Une bourse se compose de trois parties distinctes : le filet, le maître et le coulant en bois avec pointe à chaque extrémité.

Le filet est choisi avec des mailles de 4, 5 ou 6

centimètres et fait avec de la ficelle plus ou moins forte selon l'usage auquel on destine la bourse. Sa longueur varie de $0^m,90$ à $1^m,40$.

On donne le nom de *maître* à une ficelle plus longue que le filet de 60 à 70 centimètres, et deux ou trois fois plus grosse que celle dont on s'est servi pour le faire.

Pour monter le *maître*, on le plie en deux parties égales, puis on réunit toutes les mailles qui sont dans l'un des bouts du filet; quand on a fini cette opération, on fait un double nœud avec le maître pour retenir les mailles que l'on vient de réunir.

Les deux bouts du maître restés libres sont passés dans les mailles de côté de manière à les ramener jusqu'à l'autre bout du filet; puis après les avoir passés dans les deux trous du coulant, on les attache ensemble.

Le coulant est un morceau de bois pointu dans lequel on aura préalablement percé les deux trous servant à recevoir le maître, comme nous venons de l'expliquer. Il porte en outre au milieu une encoche servant à recevoir les mailles du filet opposées à celles qui sont retenues par le milieu du maître; ces mailles sont fortement ligaturées à l'encoche du coulant.

Toutes ces opérations étant bien suivies, on aura des bourses qui fonctionneront parfaitement.

Pour la tendre, on entre assez profondément dans le terrier s'il s'agit de lapins, ou on ramène en avant s'il s'agit de blaireaux, le bout du filet dont les mailles sont réunies par le maître, puis on enfonce intérieurement l'un des bouts du coulant dans le haut de l'entrée du terrier, ce qui permet d'étaler facilement le filet de bas en haut et sur les côtés de l'entrée, afin de fermer celle-ci complètement; il ne reste plus qu'à arrêter à une branche voisine les deux extrémités attachées du maître et la bourse est tendue.

Emploi du furet. — Le furet étant un animal originaire des pays méridionaux, il faut le loger à l'abri du froid, dans une futaille défoncée d'un bout et garnie dans le fond sur environ 30 centimètres d'épaisseur, d'une couche moelleuse composée d'herbes fines et sèches. Le fond de la futaille sera percé d'une dizaine de trous pour permettre à l'urine du furet de s'écouler facilement, afin de ne laisser aucune humidité dans sa demeure. Sa nourriture se compose de lait additionné d'un dixième d'eau dans lequel on émiettera un peu de pain. Il sera bon de lui montrer un lapin nouvellement tué et de lui donner l'œil de celui-ci afin de lui apprendre à connaître le gibier qu'il devra chasser.

Si le furet est trop ardent, il faudra le museler pour qu'il n'étrangle pas le lapin ; autrement on serait exposé à rester quelques heures à attendre son retour ; en effet, il ne sortirait qu'après avoir sucé tout le sang du lapin, quelquefois même il s'endort lorsqu'il s'est ainsi repu. Dans le cas où le furet est trop longtemps à revenir, on tire, dans l'entrée du terrier, et après s'être assuré qu'il n'est pas dans le voisinage de la sortie, un coup de fusil à blanc, c'est-à-dire sans plomb ; l'abondante fumée que dégage la poudre en brûlant est chassée vers l'intérieur au moyen d'une branche, d'une casquette ou d'un chapeau. Aussitôt le furet, à demi asphyxié, est obligé de revenir à la surface pour respirer ; alors on le prend et on le rentre dans un sac qui sert ordinairement à le transporter. Il sera toujours utile de mettre au cou du furet qui sert à la chasse, un grelot, car, sans cela, il pourrait sortir par une issue inconnue et se perdre dans les fourrés.

Cette chasse demande beaucoup de silence.

Renseignements divers. — Le lapin, ainsi que nous l'avons dit au commencement de ce chapitre, étant classé dans les animaux nuisibles ou malfaisants par les arrêtés préfectoraux, tout propriétaire ou locataire de chasse obtient sur sa demande une autorisation du Préfet pour le détruire en dehors du temps pendant lequel la chasse est ouverte.

Cette autorisation est accordée sous certaines conditions qu'il est indispensable de remplir. Les principales sont de ne chasser que les jours indiqués sur la permission, de ne laisser prendre part à la destruction que les personnes dénommées dans l'autorisation, de prévenir le maire, la gendarmerie ou les agents de police du jour fixé pour la chasse.

Les préfets peuvent autoriser en tout temps le colportage et la vente des lapins de garenne.

Nous ajouterons quelques lignes sur la responsabilité des dégâts causés par le lapin :

Tout propriétaire de terres plantées en bois qui n'a rien fait pour attirer les lapins dans ses propriétés et qui n'empêche pas d'y chasser, n'est responsable d'aucun délit.

Tout propriétaire ou locataire de chasse qui réserve la chasse de ses propriétés est, au contraire, responsable des dégâts commis par ces rongeurs. Dans ce cas, les possesseurs des récoltes endommagées peuvent demander des indemnités;

pour cela ils s'adressent au juge de paix, qui désigne des experts, lesquels doivent faire trois constatations : la première en mars ; la seconde en mai et la troisième au moment de la récolte. C'est alors qu'ils fixent l'évaluation des dégâts commis.

LE RAT

Les rats commettent parfois des dégâts considérables : il y en a de quatre ou cinq espèces qui se font mutuellement la guerre, à tel point que les plus forts finissent par exterminer complètement les plus faibles ; mais souvent ces derniers déguerpissent et vont s'établir ailleurs. En outre, lorsqu'ils sont pressés par la faim, ceux de la même race se dévorent entre eux ; cet acharnement est si grand qu'on en a profité dans certains pays pour organiser des combats de rats.

Toutes ces espèces se rencontrent dans tous les lieux où l'homme civilisé se montre, parce que ces rongeurs se laissent très facilement transporter par les navires au long cours. Ils s'y développent en telle quantité, qu'il est indispensable de leur faire à bord une guerre peut-être encore plus acharnée qu'à terre. L'apparition du rat en Europe remonte à l'année 1727 et ce n'est que vers 1750 qu'on en a aperçu à Paris; puis il se répandit partout jusque dans les îles les plus désertes des cinq parties du monde.

Les rats émigrent facilement de la localité qui ne leur présente plus de nourriture suffisante, pour chercher un endroit plus propice. Rien ne les arrête dans leurs pérégrinations : ils franchissent les montagnes, traversent les cours d'eau et arrivent toujours en grand nombre au lieu qui doit leur servir de refuge momentané.

Dans les temps de famine, dans les sièges, comme celui de Paris, on a imité les Chinois qui ne dédaignent pas la chair de ces rongeurs. Elle est du reste très délicate et ressemble beaucoup à celle du lapin, avec cette différence qu'elle est plus fine; les os sont excessivement friables dans les jeunes rats et on peut les manger.

A Montfaucon, dans les abattoirs, on en trouve quelquefois des quantités formidables; ils s'étaient réfugiés par légions incalculables dans le corps d'un éléphant en plâtre construit par le premier Empire près de la place de la Bastille et qui n'a disparu que sous la monarchie de Juillet. Quand on a détruit ce monument pour édifier la colonne de Juillet, le quartier voisin en a été infesté de telle manière que les habitants en ont longtemps gardé le souvenir.

Le plus commun dans nos pays est le rat gris-noir qui s'attaque aux poussins, aux pigeon-

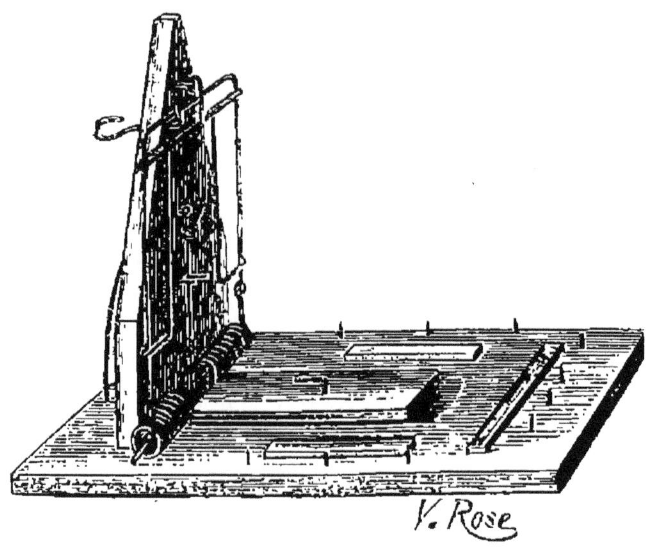

Fig. 10. — Assommoir pyramidal.

neaux, et qui mange le grain, creuse les murs, ronge la paille, le foin et tous les objets qu'il trouve à sa proximité. C'est un animal très méfiant, aussi est-il difficile à prendre au piège. On est cependant parvenu à construire des engins qui réussissent parfaitement à le capturer.

Les pièges pour tuer ou étrangler le rat sont

tous indistinctement appelés assommoirs; ils sont fabriqués sur six modèles différents ; mais, pour abréger, nous nous contenterons de donner la figure des trois meilleurs qui sont : l'assommoir pyramidal (fig. 10), l'assommoir grillagé (fig. 11), et la guillotine (fig. 12).

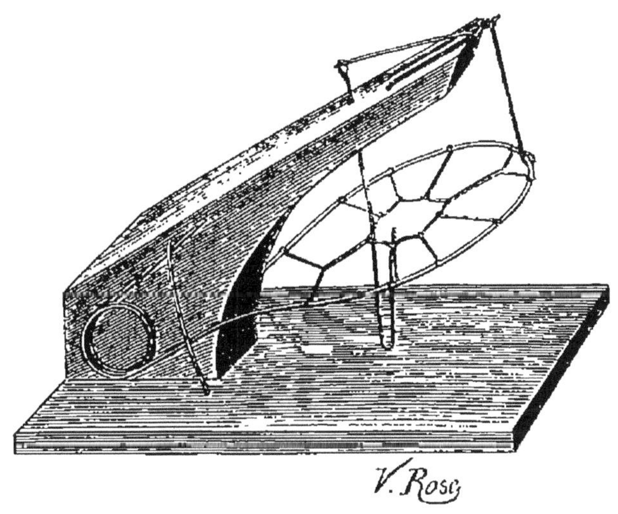

Fig. 11. — Assommoir grillagé.

L'assommoir pyramidal (fig. 10) est construit en bois de hêtre et fil de fer. Une planche rectangulaire forme la base et reçoit à l'une de ses extrémités, une autre planche appelée potence. Un carré en fort fil de fer est mu par un ressort placé à l'intersection des deux planches et vient s'aplatir sur le fond lorsqu'un levier qui retient le carré en élévation près de la potence, a laissé échapper celui-ci par le mouvement que fait une petite bascule portant l'appât et placée sur le fond pour retenir le levier. Le rongeur se trouve écrasé.

L'assommoir (fig. 11) est également construit en

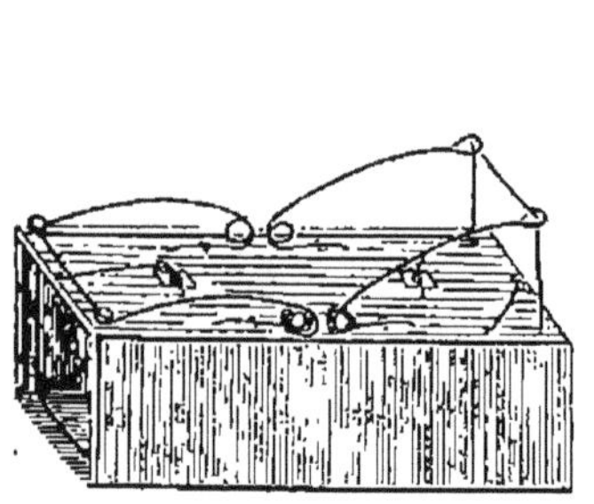

Fig. 12. — La guillotine.

Fig. 13. — Assommoir tendu.

bois et fil de fer. Le fond ou base et la tige inclinée, solidement fixée sur celle-ci, sont en bois. Un fil de fer assez gros, formant un cercle grillagé, couvre à peu près le fond; ses extrémités, qui sont tournées trois ou quatre fois en forme de ressort à boudin, sont arrêtées dans le bas de la tige inclinée. Un levier fixé à l'extérieur du cercle sert à maintenir celui-ci en élévation sous la tige, en le rabattant par dessus pour être enfin retenu à son autre extrémité par le crochet auquel est attaché l'appât.

Le rongeur qui cherche à emporter l'appât dégage, par ce fait, le levier qui retient le cercle en élévation et aussitôt l'animal est aplati.

La guillotine (fig. 12) est une espèce de boîte carrée un peu longue n'ayant que des côtés et un dessus. A chaque extrémité de celui-ci est fixé un double ressort supportant un collier carré qui peut descendre jusqu'au bas de la boite et qui est main-

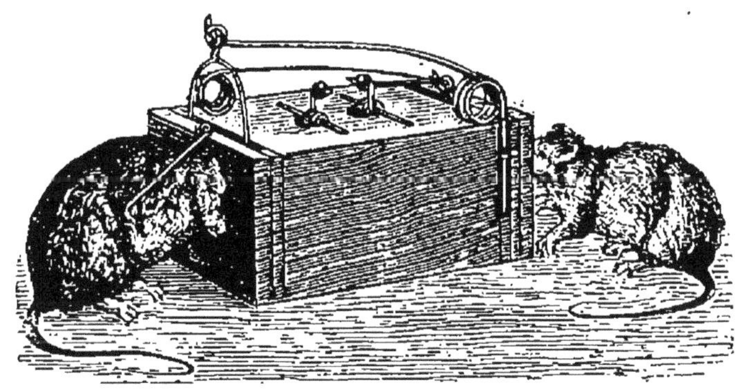

Fig. 14. — Piège à double entrée.

tenu dans cette position par un levier dont l'extrémité vient s'arrêter sous le crochet du porte-appât. Lorsque l'animal touche à celui-ci, le crochet laisse échapper le levier et aussitôt le collier remonte en haut avec le rongeur qui se trouve pris ou guillotiné.

Le piège (fig. 13) qui peut servir pour capturer tous les rongeurs ayant à peu près la taille du rat, est très facile d'exécution : un cadre muni de grillage est fixé sur une planche et est attiré fortement sur celle-ci par des ressorts placés sur les côtés lorsque l'animal veut emporter l'appât.

Le *piège à double entrée* (fig. 14), de création nouvelle, donne les meilleurs résultats. Souvent on trouve un rongeur pris, à chaque extrémité.

Il se compose d'un morceau de bois assez gros pour y perforer un passage cylindrique d'environ cinq centimètres de diamètre, et par-dessus sont fixés des ressorts munis de coulants qui retiennent l'animal lorsque celui-ci a fait mouvoir la détente, en rongeant l'appât.

On construit aussi, tantôt en bois, tantôt en fil de fer, des pièges pour prendre les rats vivants ; on en recueille ainsi de très grandes quantités que l'on fait étrangler par des petits bouledogues destinés à la chasse de ce rongeur.

Ces petits chiens, communs en Angleterre, se nomment ratiers. Il y avait des endroits où l'on se réunissait pour assister à l'étranglement des rats ; on organisait des paris mutuels et le ratier qui en avait détruit le plus dans un temps déterminé obtenait le prix. La police a fini par interdire cet amusement barbare.

Le *métallic perpétuel* (fig. 15), qui se fait, pour capturer les rats et les souris, en toile métallique

Fig. 15. — Métallic perpétuel.

galvanisée, est très solide. Pour les rats, il a 0^m, 34 de longueur, et pour les souris il n'a que

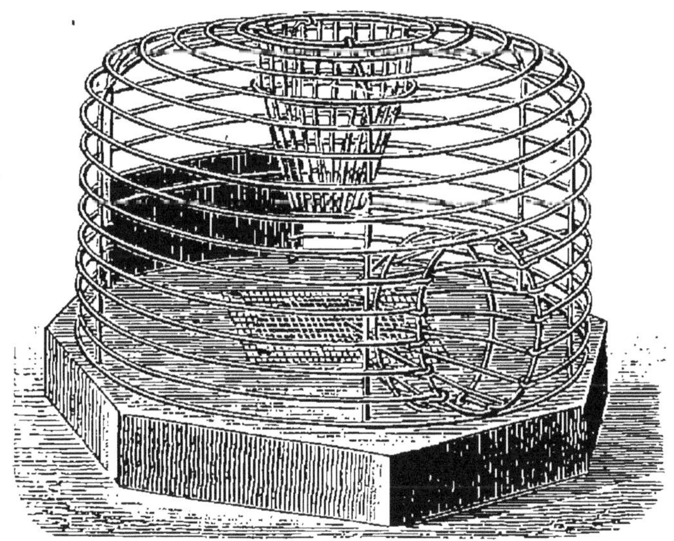

Fig. 16. — Calotte avec appât au centre que l'animal ne peut ronger.

0^m,17. Ce piège a l'avantage de pouvoir être nettoyé facilement sans qu'il se détériore.

Le *piège-calotte* (fig. 16) réussit quelquefois, comme le piège perpétuel, à capturer plusieurs rats en une nuit.

L'appât par excellence pour attirer le rat dans les pièges est du lard grillé à la chandelle. On amorce aussi avec des morceaux de pommes de reinette trempés dans l'eau-de-vie pendant cinq ou six heures.

Le *piège perpétuel* pour rats (fig. 25, page 65), de 0^m,34 de côté, peut être caché sous un meuble, sous la paille ou sous de vieux sacs, sans que cela nuise à son fonctionnement.

L'ÉCUREUIL

Ce charmant petit rongeur est connu de tout le monde pour sa gentillesse et son agilité.

Son pelage est d'un roux vif sur le dos et d'un roux blanc sous le ventre et sous la gorge ; ses oreilles se terminent par un bouquet de poils et sa queue forme un panache. Il habite les grandes forêts et se tient sur les arbres les plus élevés où il établit dans les grosses branches sa demeure composée de bûchettes, d'herbes et de feuilles. C'est dans ce nid que la femelle élève ses petits et que la famille passe l'hiver.

Lorsque l'écureuil descend sur le sol, il ne marche pas, il va par petits sauts et par bonds, et si un danger le menace, il grimpe immédiatement sur l'arbre le plus voisin et gagne le sommet ; il lui arrive souvent de se percher sur l'extrémité d'une branche pour se lancer sur un autre arbre et de parcourir ainsi de grands espaces.

Sa nourriture consiste en faines, glands, noisettes et bourgeons ; il est très gourmand des graines renfermées dans les pommes de pin. S'il se contentait de toutes ces friandises, il ne serait pas considéré comme animal nuisible ; mais malheureusement il se nourrit d'œufs des petits oiseaux si utiles à l'agriculture ; il faut donc le détruire partout où on le rencontre.

Le meilleur moyen de s'en débarrasser, c'est de se servir d'un piège à palette (fig. 1, page 4) que l'on pose au pied d'un sapin après l'avoir attaché, tendu et dissimulé. Puis on place tout près de ce piège quatre ou cinq pommes de pin qui ne manqueront pas d'attirér l'écureuil ; il les décortiquera sur place et se prendra infailliblement.

LE LOIR

Cet animal qui tient le milieu entre le rat et l'écureuil, n'a pas leur agilité, cependant il

grimpe parfaitement aux arbres et circule facilement sur les branches. Son poil, qui varie de
couleur, est doux et soyeux, son museau est fin
et son regard vif, ses ongles sont courts et très
résistants.

Ses habitudes sont de dormir pendant le jour

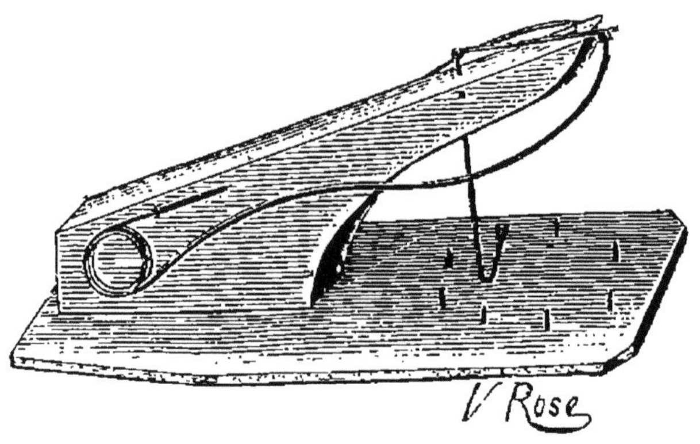

Fig. 17. — Assommoir à loirs.

et de voyager aussitôt la nuit arrivée; l'hiver
il dort pendant six mois ; ce n'est qu'à la fin d'a-
vril qu'il se réveille. Sa nourriture se compose surtout des plus beaux fruits de nos vergers. Il détruit
beaucoup de nids d'oiseaux ; il mange aussi des
faines, des noisettes et des châtaignes, c'est pourquoi il est considéré comme animal nuisible.

Le meilleur piège pour le prendre est un petit
assommoir en bois garni d'un cercle de fil de fer
faisant ressort (fig. 17.)

Après avoir amorcé ce piège avec un morceau de fruit bien mûr ou de pain d'épice, on le tend et on le pose sur un chaperon ou bien on le suspend à une branche. Ce piège est infaillible. L'époque la plus favorable pour s'occuper de cette chasse est le mois de mai.

On peut aussi se servir du piège figure 18 ci-

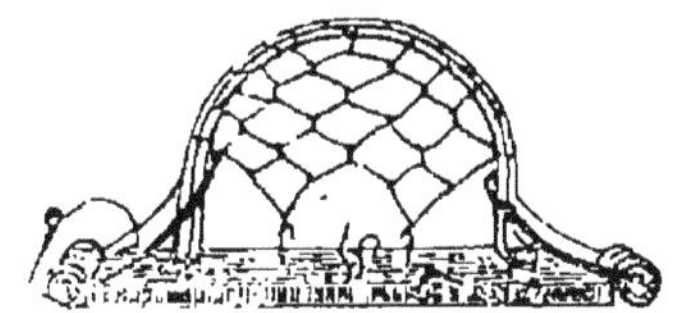

Fig. 18. — Piège à loirs et à rats.

après. On le tend et on l'amorce comme le précédent. Les deux pièges indiqués peuvent être employés indifféremment.

LA TAUPE

Cet insectivore est connu de tout le monde, surtout des cultivateurs ; son poil est noir et fin, son museau pointu est terminé par un osselet particulier très résistant. Il a cela de remarquable, c'est qu'il est aveugle quoiqu'il ait des yeux, mais ceux-ci sont recouverts par la peau du front, circonstance qui n'est pas sans embarrasser les partisans de la théorie de Darwin.

Il est en outre caractérisé par la conformation
des pattes antérieures qui affectent la forme de
pelle ou de pioche : en effet ses pattes sont très
courtes, elles sont tenues par une longue omo-
plate et soutenues par une clavicule vigoureuse
avec des muscles énormes. Il perce son terrier
avec la plus grande facilité au moyen de son museau et de ses pattes et parcourt en peu de temps
des distances relativement considérables en rele-
vant sur son passage et assez fréquemment des

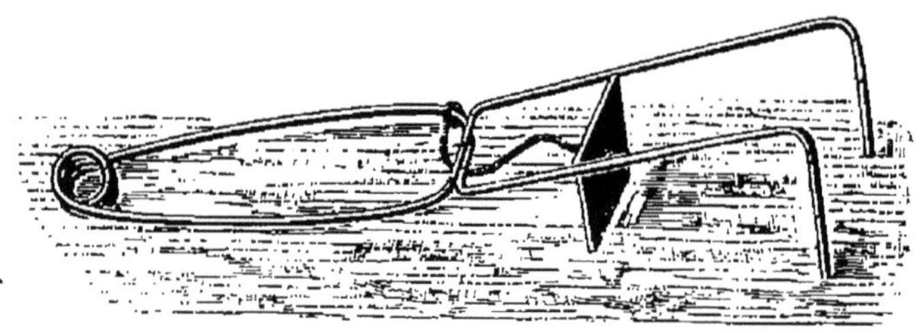

Fig. 19. — Piège à taupes, en fil de fer.

buttes de terre, c'est pourquoi cet animal, quoique se nourrissant de vers de terre, de vers blancs
et d'autres larves d'insectes, est classé parmi les
animaux nuisibles. En outre, il retourne les semis,
bouleverse les jeunes plantations, creuse des galeries désastreuses surtout pour les étangs, coupe
les racines, enlève les tiges de graminées pour
établir son nid et aussi fait des monticules de
terre gênant le fauchage.

Des bâtons de sureau fichés dans les galeries
éloignent les taupes.

Plusieurs pièges sont employés pour prendre

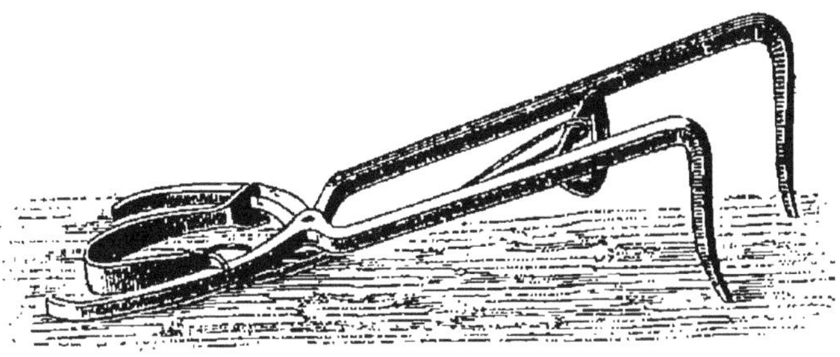

Fig. 20. — Piège à taupes, simple, tendu.

la taupe : le plus usité, parce qu'il est bon marché, est le piège à ressort en fil de fer (fig. 19).

Des pièges à ressort forgés, simples et doubles,

Fig. 21. — Piège simple détendu.

(fig. 20, 21, 22 et 23) que l'on aura préalablement graissés avec la composition que nous indiquerons à la fin de cet article, sont placés dans
la galerie creusée par ces animaux ; ils sont posés

de manière à intercepter cette galerie que la taupe parcourt toujours pour y chercher sa nourriture,

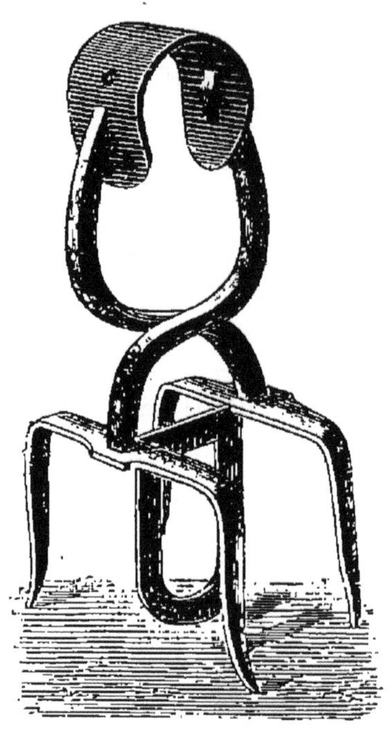

Fig. 22. — Piège à taupes double tendu.

Fig. 23. — Piège double détendu.

elle rencontre sur son passage la clavette qui tient le piège ouvert, la pousse croyant passer, mais c'est alors que le piège se détend et l'animal est retenu dans les pinces.

On emploie aussi un piège en bois de forme carrée, d'environ $0^m,25$ cent. de longueur sur $0^m,06$ de côté ; les extrémités sont munies d'une porte en métal s'inclinant vers l'intérieur et formant la nasse.

A la suite des conduits souterrains on ajuste les entrées de ce piège, de sorte que la taupe, venant d'un côté ou de l'autre y pénètre en soulevant la porte qui retombe derrière elle, et comme les portes ne peuvent s'ouvrir que de l'extérieur, elle est prisonnière.

Pour mieux réussir dans la chasse de la taupe, il faut graisser les pièges en fer avec la composition suivante :

Saindoux	150 gram.
Poudre de fenugrec	2 gram.
Camphre	1/2 gram
Huile d'aspic	2 gouttes.
Esprit de succin	1 gram.

Faire fondre le tout sur un feu doux ou au bain-marie et conserver cette composition dans des petits pots en faïence bien bouchés.

LE CAMPAGNOL

Ce mammifère ressemble beaucoup au rat, aussi s'appelle-t-il communément rat d'eau. Il séjourne près des étangs, lacs et rivières, et creuse dans les berges des galeries profondes où il amasse sa nourriture qui se compose de fruits, de carottes et de diverses racines. En hiver, il prolonge ses galeries jusque sous les roseaux et cause ainsi des déperditions d'eau.

Il y en a une autre espèce moins grosse, dont le pelage est d'un gris-roux sur le dos et blanc sous le ventre. Celle-ci ne quitte pas les champs cultivés où elle se nourrit de grains dont elle fait des provisions dans des galeries souterraines qu'elle creuse pour y nicher et y passer l'hiver.

Les campagnols se multiplient d'une façon effrayante, à tel point qu'ils dévastent complètement un champ semé de grains et font le désespoir du cultivateur qui le désigne sous le nom de *mulot;* c'est pourquoi nous renvoyons à cet article.

Pour se débarrasser de ce rongeur, il faut employer la ratière métallique (fig. 24) dont voici la description : Elle a environ 30 centimètres de longueur et est composée d'une toile métallique qui forme les côtés et le dessus et qui est fixée sur un fond en bois. La porte est en tôle; elle est munie d'une tige en fort fil de fer venant se juxtaposer sous le crochet du porte-appât pour maintenir la porte ouverte; à celle-ci sont fixés intérieurement deux ressorts à boudin qui la tiennent fermée lorsque la tige s'est échappée du crochet du porte-appât.

Ce piège, que l'on amorcera avec un morceau de pomme ou de carotte, sera placé au milieu des herbes que l'on rabaissera par dessus pour le cacher autant que possible, en ayant soin de ménager un passage vers l'entrée du piège. L'animal, attiré par l'appât, ne manquera pas de se

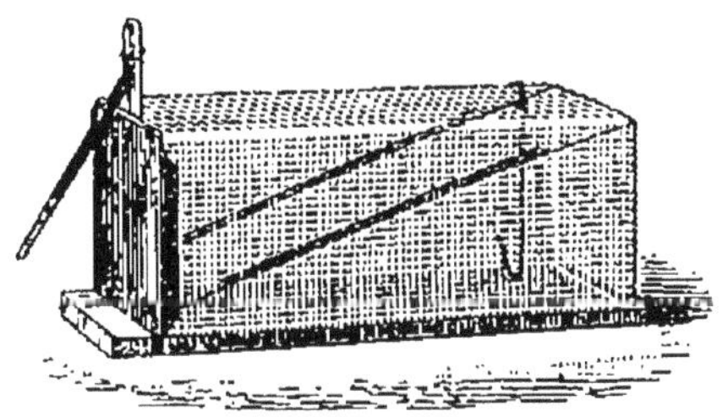

Fig. 24. — Piège métallique.

faire prendre; on s'en débarrassera en immergeant le piège qu'on tiendra quelque temps sous l'eau. On peut se servir également du piège appelé guillotine (figure 12, page 50).

Avec ce piège on peut prendre deux rongeurs : un à chaque entrée; on le place sur les petits sentiers pratiqués par ces quadrupèdes au milieu des herbes, après avoir fixé à chaque crochet le même appât que celui indiqué précédemment. Le dessous de ce piège étant à jour, il est facile de fixer l'appât à ces crochets qui correspondent à la détente. Il suffit du reste de voir ce piège pour savoir s'en servir.

Nous renvoyons, pour renseignements complémentaires, à ce que nous disons à propos du *mulot,* espèce tout à fait similaire.

LA SOURIS

Ce petit rongeur gris foncé, qui fréquente plutôt les habitations, les greniers, les écuries que les champs, s'est répandu dans toutes les parties du monde. Il se multiplie d'une façon effrayante et en peu de temps, une maison ou une grange en est infestée, et on pourrait ajouter *infectée,* car il laisse dans les endroits qu'il habite une odeur *sui generis* très désagréable. Ce petit animal cause des dégâts considérables en rongeant tout ce qui est à sa portée : étoffes, papiers, paille, etc., etc. ; il est d'une audace extraordinaire, car il ne se gêne pas de trottiner, en plein jour, autour des personnes. Il est très facile à apprivoiser, et l'on conserve quelquefois des petites souris blanches en captivité, dans des cages tournantes de même forme, mais de plus petit modèle que celles des écureuils. C'est sa familiarité qui permet de le capturer facilement et comme il vit en société, il faut un piège qui puisse en retenir autant qu'il en vient.

Pour cela nous recommandons le *piège perpétuel* S. D. (fig. 25) qui se trouve retendu par

Fig. 25. — Piège perpétuel.

l'animal lui-même, aussitôt qu'il est pris. On peut donc avec ce piège, capturer une assez grande quantité de souris sans qu'il soit nécessaire de le visiter tous les jours.

Le piège perpétuel est construit sur plusieurs grandeurs. Pour les souris, il a 13 centimètres de côté sur 7 centimètres de hauteur; il forme une espèce de boîte divisée en deux compartiments : dans le premier il existe une bascule sur laquelle le rongeur monte croyant aller manger l'appât placé autour d'un clou fixé sur une porte qui s'ouvre à cet effet; à l'entrée de ce compartiment, il y a une planchette en zinc s'inclinant vers l'intérieur et complétant la fermeture lorsque l'animal est pris.

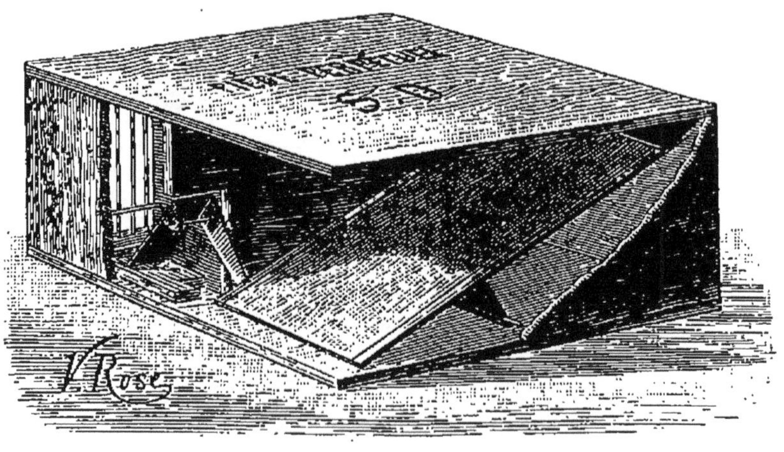

Fig. 26. — Piège perpétuel dont l'entrée est fermée; par suite, la bascule est retenue par la tige de la soupape et se trouve forcément dégagée lorsque le rongeur passe dans le deuxième compartiment.

Dans le second compartiment, qui reçoit successivement tous les rongeurs prisonniers, se trouve une soupape en zinc de laquelle dépend une tige ou queue retenant la bascule sur le fond lorsque l'animal vient de se prendre dans le premier compartiment. Cette soupape, qui sépare les deux chambres, est soulevée par le rongeur qui croit reconquérir sa liberté en passant dans le second compartiment; en même temps la tige ou queue dégage la bascule qui, étant plus lourde vers l'entrée du piège, se remet dans son état primitif pour attendre un deuxième rongeur qui vient faire

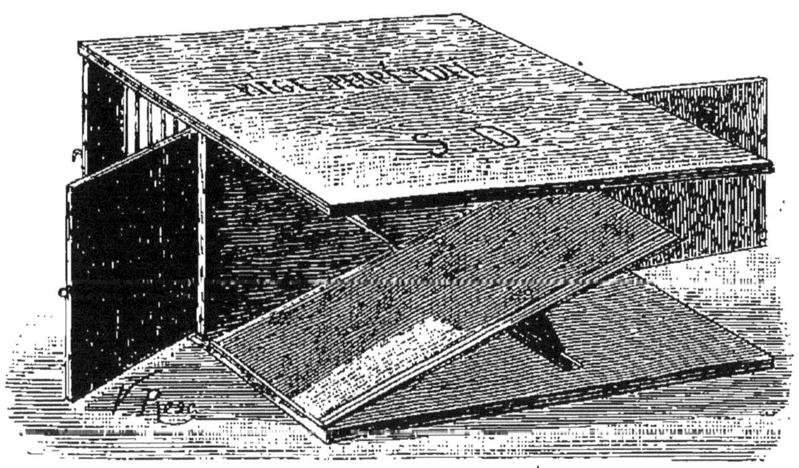

Fig. 27. — Piège perpétuel dont l'entrée est ouverte.

le même manège pour un troisième, celui-ci pour un quatrième, et continuer ainsi tant que le second compartiment peut contenir de rongeurs, desquels on se débarrasse en ouvrant sur un demi-seau d'eau la porte de ce compartiment.

Ce piège vient encore d'être perfectionné par son inventeur, aussi c'est de tous les pièges connus, celui qui donne les meilleurs résultats, il produit des effets infaillibles surtout depuis que la bascule vient d'être modifiée par l'addition, sur les côtés, de bordures en fer-blanc; ce qui permet de la faire très mince, par suite elle est devenue très légère, et par conséquent sensible et complètement inattaquable à la dent des rongeurs.

Le meilleur appât pour attirer les souris dans le piège est une petite boulette de beurre frais mélangé d'un peu de farine ou de mie de pain.

Dans les habitations, ce piège peut être placé en raison de sa disposition sous les meubles, dans des tiroirs, et dans tous endroits peu élevés. Il rend surtout de grands services dans les granges, on le place sous les gerbées où les souris circulent tranquillement et en quantité, se trouvant à l'abri de la patte du chat; elles entrent comme par enchantement dans ce piège sans pouvoir jamais en sortir, et il n'est pas rare d'en capturer en une nuit une dizaine et même une quinzaine.

Du reste le piège perpétuel a fait ses preuves depuis plus de 30 années qu'il existe, aussi a-t-il obtenu les éloges de la presse, les rapports les plus favorables et les plus hautes récompenses dans toutes les expositions régionales ou universelles.

On peut se le procurer dans toutes les maisons vendant l'article de ménage. Mais afin de se prémunir contre la contrefaçon, qui n'a pas manqué de se produire comme pour toute bonne invention, il faut exiger que le piège porte le titre *perpétuel* et la marque S. D. et aussi, que la bascule soit bordée de bandes métalliques.

Nous en donnons (fig. 26 et 27) deux coupes, pour faire voir la disposition intérieure de ce piège.

LE MULOT

Ce petit animal, qui est un diminutif du campagnol, a le pelage d'un roux cendré, plus clair sous le ventre; ses yeux ronds et noirs sont très saillants. Il est d'une grande agilité et au moindre danger il disparaît dans le terrier qu'il s'est creusé.

Ce rongeur ayant les mêmes habitudes que le *campagnol,* des moyens semblables de destruction peuvent être employés, nous renverrons par conséquent à ce que nous avons dit plus haut sur celui-ci. Les mulots habitent les haies, les bois et les montagnes; mais au moment des semailles, lorsque le grain lève, ils se répandent dans les champs et y causent des dégats considérables. Ces

rongeurs se multiplient d'une façon effrayante,
à tel point que plusieurs départements du centre
en ont été infestés.

Dans certains pays du nord de l'Europe, leurs
multitudes sont comparées à celles des invasions
des sauterelles dans le Sahara; l'on fait même
des pèlerinages afin d'en être délivré et l'on ra-
conte à leur sujet une foule de légendes que nous
nous dispensons de rapporter.

On a employé pour les détruire le blé arsé-
niqué, mais il faut de grandes précautions pour
se servir de ce moyen afin d'éviter les graves inconvénients qui se sont produits : le gibier faisant sa nourriture de ce blé périrait de la même
manière ainsi que le chien qui le dévorerait.
Aussi nous recommanderons les précautions suivantes : Faire préparer le blé par un pharmacien,
l'emporter sur le terrain infesté dans une boîte
ou dans un décalitre, en prendre 5 ou 6 grains
que l'on introduira le plus profondément possible dans le trou creusé en terre par le mulot
afin que le gibier ne puisse pas les ramasser; il
faut aussi boucher l'entrée de ce trou avec le pied
pour que les mulots ne viennent pas mourir sur
le sol et que les chiens ne puissent pas s'en
repaître.

Les cultivateurs de deux départements envahis par les mulots (l'Aisne et l'Oise), afin d'éviter les graves inconvénients du poison, se sont servis de souricières à trous se tendant, sans le bout de fil traditionnel qui est toujours long et dif-

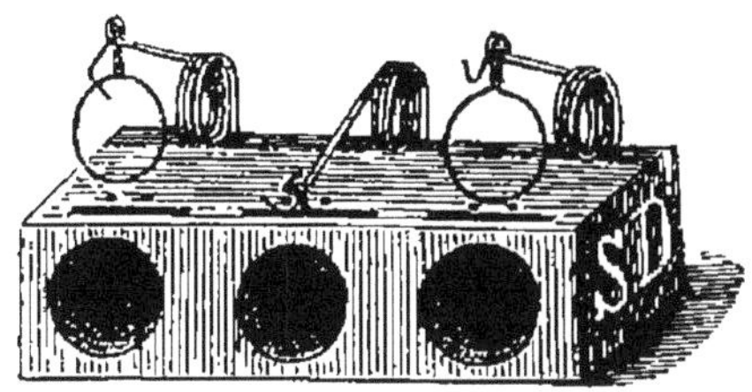

Fig. 28. — Souricière à trous.

ficile à placer ; on tend le piège (fig. 28) au moyen d'un levier en fil de fer disposé de manière à être placé facilement et vivement sous un crochet dont l'autre extrémité est pointue pour recevoir l'appât que l'on fixe par une ouverture pratiquée à cet effet sous la souricière.

Ces souricières que l'on amorce avec un peu de croûte de pain beurré, se placent dans le champ habité par ces rongeurs, on les dispose à 10 mètres l'une de l'autre et en ligne pour les retrouver facilement. Des enfants peuvent être chargés de leur surveillance et en continuant la garde tous les jours on en détruit des quantités considérables.

On peut aussi se servir de la souricière guillotine (fig. 29).

Fig. 29. — Souricière guillotine.

Il y a enfin un nouveau modèle à doubles ressorts (fig. 30), ce piège est également facile à tendre ; on l'amorce avec quelques gouttes de suif

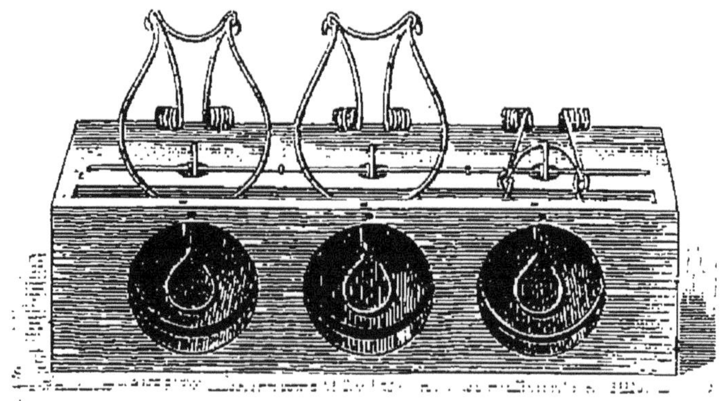

Fig. 30. — Souricière à trous à doubles ressorts.

ou de graisse qu'on laisse tomber dans le fond du trou.

On amorcera comme au piège précédent (fig. 28).

Si ces rongeurs ont élu domicile dans un potager, on peut encore employer le *Métallic perpétuel* (fig. 15, page 53), le *Destructeur perpétuel*
S. D. (fig. 31), qui étant recouverts de métal, ne
craignent ni la pluie ni le soleil.

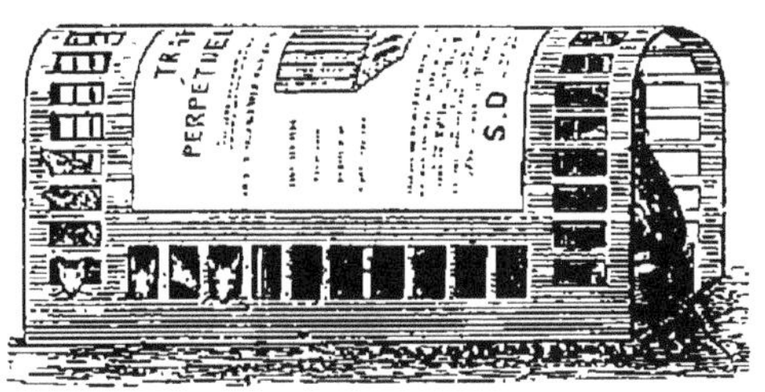

Fig. 31. — Destructeur perpétuel.

Le *Destructeur perpétuel* S. D. est disposé
comme le *piège perpétuel* (voir description et
figure, page 65), de manière que les rongeurs
puissent toujours y entrer et n'en jamais sortir.
Il a 20 centimètres environ de longueur sur
7 centimètres de largeur; il est divisé en deux
compartiments à peu près égaux.

On l'amorce avec une petite boulette faite de
mie de pain et de beurre frais. Il n'est pas rare de
voir capturés en une nuit une dizaine de rongeurs.
Le jeu de la bascule est tellement sensible que
les mulots les plus jeunes, par conséquent les

plus petits, s'y prennent aussi bien que les plus gros.

LA MUSARAIGNE

Ce petit quadrupède, vulgairement connu sous le nom de *musette* en raison de son petit cri aigre, est de la grosseur d'une souris ; son museau est très allongé ; son corps est couvert de poils fins et il se trouve, sur chaque flanc, une petite bande de soies rudes et serrées entre lesquelles suinte une humeur odorante produite par une glande particulière. Ses yeux sont presque imperceptibles et sa mâchoire est armée de dents solides et pointues.

Ce petit rongeur habite les creux d'arbres ou loge dans les trous qu'il s'est creusés sous les feuilles, mais lorsque l'hiver est rigoureux, il se rapproche des habitations pour se mettre à l'abri dans une écurie ou un bûcher.

Sa nourriture principale se compose d'insectes de toutes espèces. On lui reproche de s'attaquer aux fruits et de faire près des étangs des galeries occasionnant des déperditions d'eau.

Si on veut la détruire, on emploiera le *Destructeur perpétuel* (fig. 31, page 73).

CHAPITRE III

OISEAUX NUISIBLES

Ce chapitre comprend les volatiles reconnus nuisibles. Ce sont : le Vautour, la Pyrargue, le Balbuzard, le Milan, le Faucon, la Buse, l'Épervier, l'Émouchet, l'Émérillon, la Cresserelle, qui sont désignés par des arrêtés ministériels. Bien que la chasse de ces oiseaux de proie soit assez peu usitée, nous donnerons les indications nécessaires pour qu'on puisse la faire, le cas échéant.

Les animaux suivants sont, généralement aussi, compris dans les arrêtés préfectoraux : le Corbeau, le Corbivau, la Corneille, le Freux, la Pie, le Geai, la Pie-grièche, le Pigeon ramier, etc.

Tous ces oiseaux sont surtout nuisibles au gibier de plaine et des bois, ainsi qu'aux petits oiseaux si utiles à l'Agriculture.

Nous indiquons pour chaque espèce, le plus nouveau et le meilleur moyen de la capturer.

LE VAUTOUR

Il existe plusieurs espèces de vautours, mais la plupart ont le cou dénudé ayant à la base un collier de duvet. Son plumage est d'un brun foncé sur le dos et clair sous le ventre; son envergure atteint quelquefois deux mètres de longueur; son bec, en partie recouvert d'une caroncule est des mieux plantés; aussi aidé de ses griffes, il a bientôt dépecé un cadavre. Cet oiseau de proie qui habite le midi de la France est très carnassier. On profite de sa voracité pour le prendre avec les pièges à engrenage, que l'on dissimule avec de la terre légère ou de l'herbe. On place le piège dans un endroit dépourvu d'arbres de manière que l'oiseau aperçoive de loin l'appât que l'on aura fixé préalablement au piège et qui sera autant que possible un gibier fraîchement tué. Il ne faudra pas oublier d'attacher solidement le piège au moyen d'une corde ou d'une chaîne reretenue à un piquet fortement enfoncé dans la terre.

On peut se servir également du piège à palette; dans ce cas, on fixera l'appât (un gibier qui vient d'être tué) sur la palette. Puis, après l'avoir tendu et mis en place, on le dissimulera avec de l'herbe ou des feuilles que l'on prendra autour du piège, c'est à dire à l'endroit même où le piège sera placé. Il est toujours entendu que le piège devra être préalablement retenu à un piquet par une chaîne ou une forte corde.

LE PYGARGUE

Cet oiseau est d'un gris brun clair à la tête et au cou; son dos est cendré et sa queue est toute blanche; son bec est d'un jaune pâle.

Il est de la grosseur d'une poule et il mesure 2 mètres d'envergure, son vol est rapide; il habite les bords de la mer et fait une grande chasse aux petites espèces insectivores. Aussi est-il classé parmi les animaux nuisibles.

Pour le prendre, il faut se servir du piège à palette de 0^m,45 cent. de longueur (fig. 1, page 4), sur lequel on fixera un oiseau. Puis on recouvrira le tout de sable ou d'herbe, à l'exception de l'appât. Il ne faut jamais oublier d'attacher le piège à un piquet à cause de la force considérable du pygargue.

L'AUTOUR

Cet oiseau est de moyenne taille ; il est brun sur le dos et blanc sous le ventre ; il a les pieds jaunes et les griffes noires. Il habite les collines et les montagnes basses ; il niche sur les plus hautes cimes de nos grands bois ; il se nourrit de petits oiseaux et fait une grande chasse aux cailles, perdrix et surtout aux pigeons.

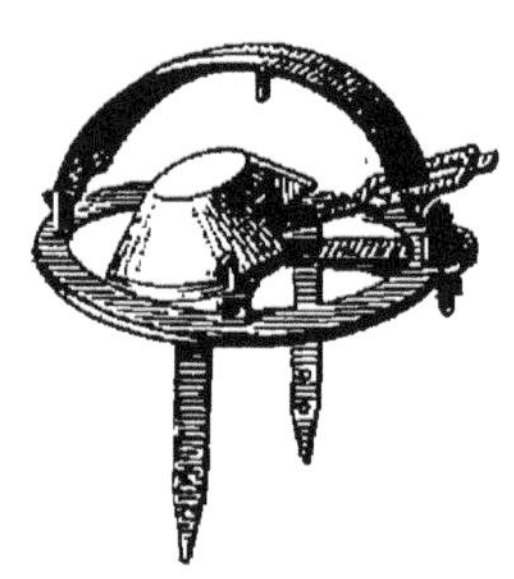

Fig. 32. — Piège à poteau.

Pour le capturer, on se sert du piège à poteau (fig. 32).

Ce piège, dont la disposition est à peu près celle du piège à palette, en diffère par le ressort qui est placé sous la palette au lieu d'être en

saillie et sur le côté, et par sa palette bombée.
Il a en plus deux pattes percées de trous qui servent à le fixer sur le poteau (fig. 33).

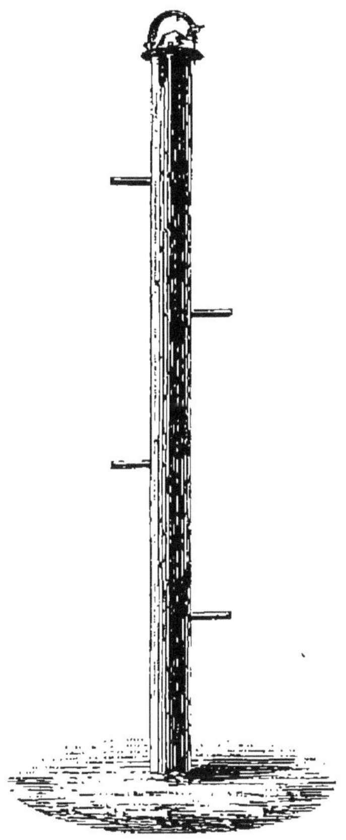

Fig. 33. — Piège à poteau posé sur son support.

On fixera quatre de ces pièges sur des poteaux
de 30 à 40 centimètres de longueur que l'on plantera à chaque angle d'une surface d'un mètre carré.
On placera au centre de ce carré un pigeon blanc

vivant que l'on attachera par la patte à un piquet et assez court pour qu'il ne puisse toucher aux pièges. L'Autour apercevant sa proie, viendra se poser sur l'un des pièges et sera pris aussitôt.

L'AIGLON OU BALBUZARD

C'est un oiseau qui se distingue de ceux de son espèce en ce que ses ongles sont ronds par-dessous au lieu d'être creux. Son dos est brun, son ventre est d'un blanc moucheté de brun et une bande noire prend naissance sous les yeux et vient se perdre sur le dos. Il se nourrit de gibier, de poisson ; il se tient toujours près des eaux douces, des lacs et des rivières, il épie sa proie avec une patience extrême sans faire le moindre mouvement, aussi est-il surnommé le chat des étangs. Ce rapace, qui émigre en hiver, est assez commun dans la Bourgogne et dans les Vosges.

Le meilleur moyen de le prendre au piège est de placer, près des étangs ou cours d'eau, aux endroits où les arbres laissent de grandes éclaircies, une pièce de bois d'environ $0^m,15$ de diamètre, sur le bout de laquelle on fixe le piège à poteau (fig. 32).

Ce support, que l'on plantera solidement en terre, aura environ 3 mètres de longueur; il sera muni de chevilles qui serviront à soutenir la personne chargée de tendre le piège.

Pour attirer l'Aiglon, un appât est nécessaire; on fixera donc sur la palette du piège un poisson, un oiseau ou un rat, ou même un morceau de viande crue. Un piège de la plus grande dimension possible est nécessaire pour cette chasse; il devra avoir 18 à 20 cent. de diamètre.

LE MILAN

Le milan est un oiseau de proie de moyenne taille, remarquable par la puissance de son vol; il a les ailes excessivement longues et minces, la queue aplatie et fourchue. La force de son bec et de ses ongles laisse à désirer et est peu en rapport avec sa taille et ses mœurs, aussi il n'attaque pas l'animal qui paraît lui offrir quelque résistance et c'est pour cette raison qu'il ne s'empare que des poussins et des jeunes oiseaux. Il habite les endroits les plus fertiles où se trouvent la volaille et le gibier qui font sa principale nourriture.

On peut le capturer comme la cresserelle (voir page 86), ou encore avec les pièges à palette (page 4), en plaçant sur la planchette du piège un oiseau empaillé.

LE FAUCON

On rencontre le faucon un peu dans toutes les parties de l'Europe, mais surtout dans les pays froids ; il y en a qui restent en France et y font leur nid.

Cet oiseau a beaucoup de ressemblance avec les précédents, mais sa taille, surtout celle de la femelle, est beaucoup plus forte. Sa structure lui permet un vol long et soutenu. Avec son bec pointu et courbé dès sa base, il déchiquette sa proie en quelques secondes. Il est si hardi qu'il s'abat dans les cours de ferme pour enlever un pigeon ou tout autre volatile.

Il niche dans les rochers escarpés et le mâle s'occupe à chasser pour nourrir sa compagne et ses petits.

Le faucon est un grand destructeur de perdreaux, de cailles, de grives, de pigeons et autres menus gibiers; c'est toujours du haut des airs qu'il fond côme un trait sur sa proie immobilisée par la peur.

De même que l'émerillon et l'émouchet, le faucon est susceptible d'être dressé à la chasse à la plume et au poil. Anciennement il était très fréquemment employé à cet usage et les annales du moyen âge sont remplies de ses hauts faits.

Les oiseaux indigènes n'étaient que médiocrement estimés et les meilleurs étaient ceux qui venaient d'Irlande.

On prétend que pendant la guerre francoallemande, les Prussiens en ont tiré des volières de ce pays, pour donner la chasse à nos colombes messagères.

En résumé ce sont des destructeurs qu'il faut capturer; dans ce but on emploie le piège à palette (page 4, fig. 1), en ayant soin de placer un oiseau vivant de chaque côté du piège, ou bien le piège à poteau (page 78, fig. 32).

Quand on emploie le piège à poteau pour le faucon, l'appât n'est pas utile, seulement on se sert du piège de 18 à 20 cent. de grandeur, et à palette bombée, sur laquelle l'oiseau vient naturellement se percher.

LA BUSE OU BUSARD

La buse est de la grosseur d'une petite poule ; elle est brune et ondée de blanc ; ses pattes sont jaunes et ses ongles gris-noir. Elle habite surtout les forêts où elle niche ; pour mieux apercevoir et saisir sa proie, elle se poste en embuscade sur une butte élevée, une borne ou un arbre mort.

Le busard ressemble à la buse, mais sa robe est plus foncée. Il habite les broussailles et les endroits humides et marécageux.

Ces oiseaux se nourrissent de perdreaux, cailles et moineaux, de toutes espèces de poissons. On les prend quelquefois avec le piège à poteau (page 78, fig. 32), mais le moyen le plus certain de les capturer c'est de se servir d'un piège à palette (page 4, fig. 1), ayant une longueur d'environ 45 centimètres. Après avoir tendu ce piège au milieu d'une plaine découverte, et à proximité du bois que ces destructeurs habitent, on le recouvre d'herbes et on attache de chaque côté un oiseau vivant, qui par ses mouvements attire l'oiseau de proie dont les pattes finissent par toucher la palette du piège, alors il est pris.

L'ÉPERVIER — L'ÉMOUCHET
L'ÉMERILLON

L'épervier, cet insatiable avaleur d'oiseaux ressemble beaucoup à l'autour comme formes et couleurs, seulement il est d'un tiers moins gros ; sa principale nourriture se compose de petits oiseaux auxquels il fait un guerre acharnée.

L'émerillon et l'épervier font leur nid dans les anfractuosités des rochers, tandis que l'émouchet s'empare d'un nid de pic ou de corbeau pour y déposer ses œufs.

L'émouchet a beaucoup de ressemblance avec l'épervier ; mais il n'est que de la grosseur d'une perdrix et il est moins foncé en couleur.

L'émerillon est le plus petit des oiseaux de proie, il a la taille d'une grive. Son dos est brun foncé et son ventre brun clair.

Ces trois oiseaux de proie, l'épervier, l'émouchet et l'émerillon, ayant les mêmes habitudes que la cresserelle, on emploiera les mêmes moyens pour les détruire (voir page 86), mais on devra donner la préférence aux pièges à poteau.

LA CRESSERELLE

C'est un oiseau de proie qui a beaucoup d'analogie avec l'épervier, l'émouchet, le hobereau, l'émerillon ; il a leurs habitudes et fait comme tous ces oiseaux une grande destruction de gibier et de petits oiseaux utiles à l'agriculture.

La cresserelle est rousse et tachetée de noir en dessus, blanche avec bandes brunes dessous ; la tête et la queue sont cendrées. Elle habite les clochers et les vieux édifices où elle fait son nid. Sa vue est des plus perçantes, elle aperçoit sa proie à plusieurs centaines de mètres.

Le piège le plus certain pour capturer cet oiseau est celui dit à poteau, semblable à celui que nous avons décrit page 78 (fig. 32), dont la palette est bombée et en bois.

Au milieu de grandes plaines dépourvues d'arbres, on place debout des poteaux de 3 mètres de longueur environ que l'on enterre de 50 centimètres. Sur l'extrémité on fixe solidement le piège sur lequel il n'est pas nécessaire de mettre d'appât ; l'oiseau, qui affectionne les points élevés pour observer sa proie de plus loin, vient s'y poser naturellement et se trouve pris par les pattes.

On prend aussi la cresserelle avec des filets à

grandes mailles au milieu desquels on retient, attaché par la patte, un moineau vivant que l'oiseau de proie vient pour emporter. A ce moment le chasseur tire vivement la ficelle qui commande les filets et l'oiseau de proie se trouve recouvert, alors on l'assomme avec un bâton.

LE CORBEAU

Cet oiseau est plutôt carnivore que granivore : il vit de petits animaux vivants, de charognes, d'insectes, etc., et fait bonne chère du gibier qui vient de naître et des petits oiseaux trop faibles pour échapper à sa poursuite ; il recherche les vers qui rongent la racine du blé ou du maïs, mais les dégâts qu'il occasionne étant beaucoup plus considérables que les services qu'il rend, on ne peut le classer parmi les oiseaux insectivores.

On rencontre quatre ou cinq espèces de corbeaux.

1° Le corbeau commun, dont le plumage est noir, a la queue arrondie ; le dos de sa mandibule supérieure est arqué en avant ; il marche gravement et a le vol facile ; son odorat est très fin et sa vue perçante.

2° Le corbivau est de la taille et de la couleur

de ce dernier; il s'en distingue par son bec con-
vexe et tranchant en dessus et fortement courbé.
Il a à peu près les mêmes habitudes, seulement
il préfère la chair vivante.

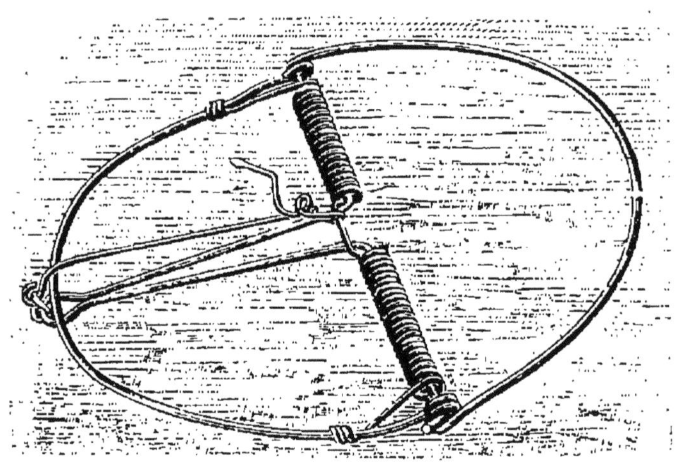

Fig. 34. — Piège dit *Marseillais.*

3° La corneille est un peu plus petite que les
précédents ; elle a le dos, la poitrine et le ventre
d'un gris cendré et le reste du corps est noir. Ses
habitudes sont celles du corbeau commun avec
lequel elle fait société en hiver.

4° Le freux est une autre espèce de corbeau.
mais beaucoup plus petit. Il a le bec droit et
pointu et dépouillé de plumes à la base ; son plumage est complètement noir avec des reflets bleuâ-

trés et brillants. A la suite de l'hiver cette espèce
émigre, et si quelques-uns de ces oiseaux se décident à rester, ils nichent vers le mois de mars sur
les plus grands arbres de nos forêts.

Il y a encore une cinquième espèce qui habite
nos clochers, et nous quitte en mai pour revenir

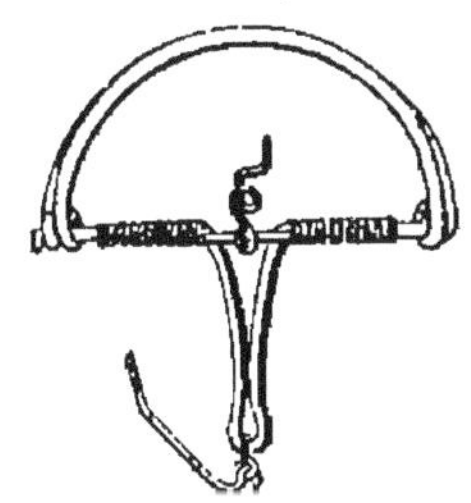

Fig. 35. — Piège dit *Marseillais*, fermé.

avant l'hiver. Cette espèce est plutôt granivore que
carnivore, et fait beaucoup de tort aux semences.

Pour capturer ces oiseaux, on se sert du piège
dit *Marseillais* (fig. 34 et 35).

C'est un piège entièrement fabriqué avec des
fils de fer et de cuivre. Il se compose de deux demi-
cercles, dont l'un est rigide avec la tige qui porte
le levier servant à maintenir les cercles ouverts ;
ces demi-cercles sont ramenés l'un contre l'autre
par un fort ressort enveloppant le centre ou diamètre qui porte une mouchette, ou porte-appât
disposé pour retenir l'extrémité du levier, qui se

trouvera ensuite dégagé, lorsque l'oiseau viendra toucher à l'appât.

On amorce ces pièges avec un morceau de viande crue et on l'attache à un piquet avec une ficelle assez forte, après les avoir dissimulés avec de la paille ou de l'herbe, de manière à ne laisser de visible que l'appât.

Pour capturer beaucoup de corbeaux, on profite d'une meule de grains enlevée dans les champs, afin de tendre et de dissimuler dans la paille qui reste sur l'emplacement de la meule, une certaine quantité de ces pièges que, bien entendu, on attachera toujours à un piquet.

On attrape aussi le corbeau, lorsque la neige recouvre le sol, au moyen d'un cornet de papier fort et blanc, englué par le haut et au fond duquel on place un morceau de viande commençant à entrer en putréfaction. L'oiseau, attiré par l'odeur de cet appât, plonge sa tête dans le cornet, qui adhère aussitôt aux plumes de son cou, et coiffé de cet appareil, il s'élève verticalement à une hauteur prodigieuse, pour retomber bientôt à terre, alors on peut s'en emparer.

Quoique sa chair soit un peu dure et ait une odeur assez forte, beaucoup de personnes mangent le corbeau, après toutefois, l'avoir laissé faisander pendant quelques jours. Quelques personnes trouvent qu'il fait un bouillon exquis, et que sa viande, attendrie dans le pot-au-feu, est bonne à manger.

LA PIE

Cet oiseau est extrêmement commun en France. Son plumage d'un noir soyeux est entrecoupé de blanc ; sa queue pointue est remarquable par sa longueur ; son bec solidement planté est long, pointu et fort.

La pie fait son nid surtout près des habitations ou des endroits mouvementés, tels qu'une voie ferrée, une place de village, une cour de ferme ; elle choisit pour l'établir aussi bien un buisson d'épine, un pommier ou poirier touffu, que le faîte d'un grand arbre.

Le surnom de *voleuse*, qu'on lui donne souvent, provient sans doute de son instinct de prévoyance, qui lui fait cacher ses provisions en automne, pour les retrouver dans les mauvaises journées d'hiver.

La pie est surtout carnivore ; elle détruit beaucoup de petits oiseaux et de gibier, mais ne se prive pas non plus d'attaquer les fruits dans les vergers, et les grains que le cultivateur vient de jeter en terre ; aussi doit-on la détruire.

Pour cela, dans les endroits visités par les pies, on tend le piège, dit *Marseillais* (fig. 34, page 88) en fort fil de fer, que l'on aura préalablement amorcé avec un morceau de viande crue, et que l'on attachera ensuite à un piquet, pour que l'oiseau n'emporte pas le piège. Il ne faut pas oublier de le recouvrir légèrement d'herbes sèches ou de feuilles, de manière à ne laisser paraître que l'appât.

LE GEAI

Cet oiseau est un des plus jolis de l'Europe ; il est d'un gris vineux, à moustaches et pennes noires ; ses ailes sont recouvertes en partie par des plumes d'un bleu éclatant rayé de bleu foncé. Il porte sur la tête une espèce d'aigrette ou capuchon qu'il relève et abaisse continuellement. Il fait son nid sur les premières branches et près du corps des gros arbres. Sa nourriture se compose de glands, de pois, de fèves et surtout d'œufs de nos petits et moyens oiseaux. En somme, le geai est nuisible et il faut le détruire ; on emploie les mêmes pièges que pour la pie.

LA PIE-GRIÈCHE

Cet oiseau est de la grosseur d'une grive : il est cendré sur le dos et blanc sous le ventre ; ses ailes et sa queue sont noires entrecoupées de blanc. Son bec est crochu à la pointe et triangulaire à la base. Il niche surtout dans les vergers des champs où il fait une guerre cruelle et acharnée aux petits oiseaux si utiles à l'agriculture ; il détruit leurs couvées et est pour eux un tourment perpétuel. Le meilleur piège pour le capturer est le modèle indiqué pour le corbeau, page 88 (fig. 34 et 35), que l'on amorce avec du cœur de bœuf cru. On tend plusieurs pièges sur les arbres fréquentés ordinairement par les pies-grièches.

LE PIGEON RAMIER

Le meilleur piège pour prendre cet oiseau est le piège à palette (fig. 1, page 4). On place dans le champ où ces oiseaux ont l'habitude de s'abattre, une certaine quantité de pièges que l'on recouvrira d'herbes fines, après les avoir fixés à un piquet, puis on sèmera autour, du blé, du chènevis et autres grains. Le pigeon, qui a la vue perçante, apercevra cet appât et comme il circule beaucoup, il passera inévitablement sur la planchette du piège, et s'y prendra.

L'ABEILLEROLLE OU GUÊPIER

On rencontre cet oiseau dans le midi de la France, où il vit en bandes nombreuses.

Sa nourriture est la guêpe et surtout l'abeille, qu'il saisit au vol en passant près des ruchers.

Lorsque l'on s'est aperçu de la présence de ce destructeur, il faut tendre un filet, de deux mètres de côté, ayant des mailles de deux centimètres, et fait avec du fil de première qualité teint en marron foncé, sur deux perches placées perpendiculairement à l'entrée de la ruche.

L'oiseau, occupé à poursuivre sa proie, se lance dans le filet et passe dans une des mailles sa tête qu'il ne peut dégager ; alors la personne qui surveille s'en empare.

On peut aussi s'embusquer avec un fusil chargé de plomb n° 6 et le tirer au passage ; mais ce dernier moyen est moins recommandé, en raison des dangers qu'il présente.

CHAPITRE IV

INSECTES

Nous parlerons ici de quelques insectes qui tous commettent des ravages dans nos jardins, nos vergers, nos habitations, nos meubles, nos vêtements, etc., etc.

Nous formons des vœux pour que l'administration supérieure, ou à son défaut celle des communes, encourage, par des primes, la destruction du hanneton qui cause tant de dégâts sous toutes ses transformations différentes : en larves d'abord, puis à l'état parfait, pendant lequel il dévore nos vergers, nos bois, nos forêts, etc. C'est le moment le plus favorable pour procéder à sa destruction.

La loi du 21 janvier 1885 facilite la création de syndicats de hannetonnage et chaque dépar-

tement devrait posséder le sien, afin d'agir en cas
d'invasion de ces coléoptères, qui est quelquefois
pire que celle des sauterelles en Algérie.

ALUCITE

Cet insecte est redoutable en ce sens qu'il dépose ses œufs sur le grain de froment avant sa
maturité. L'œuf devient une chenille logée dans le
grain, puis papillon jaune couleur café au lait que
l'on voit sortir des gerbes de blé.

Lorsqu'on s'aperçoit de sa présence, il faut
faire battre au plus tôt ces gerbes et passer le blé
au tarare qui secouera le grain avec force contre
les parois de l'instrument. On peut aussi employer
les moyens de destruction indiqués pour le charançon. (Voir page 100.)

L'alucite a les mêmes habitudes et fréquente
les mêmes endroits que le charançon.

AGLOSSE

Cet insecte établit son domicile dans les livres
des bibliothèques qui ne sont pas souvent visitées ;
la femelle y dépose des œufs donnant naissance à

une chenille qui alors transperce complètement couverture et feuillets.

On s'aperçoit de ses dégâts aux galeries creusées par cet insecte dans les parois intérieures de la couverture, et pour éviter ce dommage, parfois très grand, il faut visiter les livres et les frapper l'un contre l'autre.

ANTHRÈNE

A l'état parfait, cet insecte vit sur les fleurs et dans nos maisons, mais la larve est très redoutable dans les pelleteries et surtout dans les collections zoologiques et entomologiques. Aussitôt qu'on se sera aperçu de sa présence, il faudra soumettre les objets attaqués, selon les cas, ou à des fumigations sulfureuses en vase clos, ou bien aux vapeurs d'acide phénique ; on obtiendra bien vite leur destruction.

ARAIGNÉE

L'araignée des maisons est plutôt utile que nuisible, en ce sens qu'elle détruit une grande quantité de mouches et de petits insectes. Cependant elle est répugnante et elle tisse des toiles qui sont à coup sûr malpropres, et ne conviennent pas à nos ménagères.

Pour la détruire ou la chasser, il n'y a qu'à épousseter souvent, elle disparaîtra complètement de l'habitation.

L'araignée des jardins (la noire et la rouge) suce au collet les plantes sucrées et les fait périr; on la détruit par un arrosage avec un liquide obtenu par une infusion de feuilles de tabac ou d'absinthe. L'eau de suie est également employée à cet usage.

BLATTE

Cet insecte, dont le corps est plat, s'introduit facilement dans les fentes des murailles et des cloisons; il pénètre dans les meubles, dans les caisses et en dévore le contenu.

Pour s'en débarrasser, il faut procéder de la même manière que pour le grillon.

CAFARDS

Dans certaines localités, cet insecte est connu sous le nom de grillon; il en possède les mêmes formes et mœurs, il n'y a que sa couleur qui en diffère.

Pour le capturer, voir grillon (page 111).

CANTHARIDES

Au printemps, on voit souvent ces insectes s'abattre en quantité considérable sur les chênes, les lilas, les troënes et surtout les frênes ; il leur suffit de quelques heures pour en dévorer toutes les feuilles.

Pour s'en débarrasser, il faut, de grand matin, lorsqu'elles sont encore engourdies par la fraîcheur de la nuit, secouer fortement l'arbre sur lequel elles se trouvent, elles tomberont sur un drap qu'on aura préalablement étendu sur le sol pour les recueillir ; puis on les renverse dans un seau rempli d'eau vinaigrée, elles meurent aussitôt.

On peut les vendre avantageusement aux pharmaciens.

Il est nécessaire, pour ne pas s'exposer à de graves inconvénients, de ne toucher aux cantharides qu'avec les mains gantées.

CHARANÇON

Les naturalistes ont constaté l'existence d'un très grand nombre d'espèces dans la famille des charançons. Ce qui les distingue particulièrement, c'est le rostre qu'ils portent et qui a la forme d'une trompe, ce qui allonge démesurément la tête.

L'un d'eux, connu sous le nom de calandre, cause beaucoup de dégâts dans les tas de blé.

La femelle dépose ses œufs, comme l'alucite, sur le blé sec lorsqu'il est en tas, et la larve qui naît de ces œufs, vit aux dépens de la farine qu'elle dévore en totalité, ne laissant que l'enveloppe du grain.

Pour détruire le charançon, on pose sur le tas de blé une ou plusieurs peaux de moutons fraîches, la laine tournée du côté du blé. Les charançons quittent le grain pour se loger dans la laine ; il ne reste qu'à secouer ces peaux, tous les matins, dans la basse-cour.

La liqueur d'absinthe jetée en petite quantité près des tas de blé, en fait sortir ces insectes qu'il est facile d'écraser, surtout si le tas est isolé des murs, parce qu'alors on peut les écraser sur le parquet ou le carrelage.

CHENILLES

Ces insectes étant connus de tout le monde, nous n'en donnerons pas la description. Il en existe des quantités d'espèces, toutes ont le corps cylindrique, ras ou velu, et porté par seize pattes au plus et jamais moins de dix. Elles naissent d'œufs de papillon.

Les espèces sont très nombreuses, et toutes causent des dégâts considérables.

Pour s'en débarrasser, on emploie ordinairement deux moyens :

L'un consiste à se servir, le matin surtout, de l'échenilloir pour couper la branche occupée par ces insectes. On réunit ensuite en un tas les branches qui en sont garnies, puis on les brûle avec de la paille.

L'autre est différent : au lieu de les faire périr par le feu, on se sert d'eau additionnée de savon. Pour cela, on prend une gaule au bout de laquelle on attache un goupillon de chanvre ou de chiffons que l'on trempe dans l'eau de savon; puis, de bon matin lorsque les chenilles sont rassemblées dans leur toile, on les asperge avec cette eau.

CLOPORTES

Dans les caves, les celliers, les cuisines obscures
et humides, ces crustacés s'attaquent aux fruits et
aux légumes. Leur forme plate leur permet de pénétrer dans les garde-mangers où ils commettent
des déprédations.

Il faut donc les détruire; pour cela on les attire
dans des tiges creuses de sureau, des carottes ou
des navets creusés au centre, ou dans des sabots
de cochon ou de mouton; ils ne tarderont pas à
s'y loger, alors il n'y a plus qu'à secouer ces appâts sur un vase rempli d'eau.

On peut aussi placer sur le sol humide de
vieilles planches en laissant un peu de vide dessous; les cloportes, qui recherchent ce genre
d'abri, s'y réunissent en grande quantité; il est
alors facile de s'en débarrasser.

COURTILIÈRE

Ce gros insecte que l'on désigne aussi sous le
nom de *taupe-grillon* est remarquable par les
jambes et ses deux pattes antérieures, qui sont

larges, plates et dentées dans le genre de celles des taupes.

La *courtilière* a les ailes une fois plus longues que les étuis et elle possède quatre dents aux jambes antérieures qui lui permettent de s'en servir comme de scie et de pelle pour creuser ses galeries nombreuses et établir sa demeure dans laquelle la femelle dépose vers la fin de juillet 300 œufs environ de la grosseur d'un plomb de chasse n° 4 ; trois semaines après, ces œufs éclosent et donnent naissance à de petites larves qui deviennent en grande partie la proie de la mère restée près de son nid. Ces larves subissent jusqu'à la fin de septembre trois transformations. Les ailes et les élytres ne se forment qu'après l'hiver et ce n'est qu'à la fin de mai que la taille de l'insecte est complète ; alors il remplace les auteurs de ses jours pour se livrer comme eux à de nouvelles dévastations en coupant les racines qu'il rencontre et suçant celles dont le goût lui plaît. Lorsqu'on a découvert des traces du séjour de cet insecte, on enfonce dans la terre un pot rempli d'eau aux 3/4, la courtilière, venant pour se désaltérer, s'y noie souvent.

On la détruit surtout en versant de l'huile dans l'entrée de son terrier et on la voit aussitôt apparaître venant pour respirer; elle sort à moitié asphyxiée, alors il est facile de s'en emparer.

On peut également placer près de leur demeure un morceau de viande crue autour duquel ces voraces insectes viennent la nuit, et s'y attachent pour le sucer. Le matin de très bonne heure, on visite cet appât sur lequel on trouve les courtilières alourdies par leur copieux repas de la nuit, alors il est facile de les écraser.

On fait quelquefois usage d'un piège construit avec quatre planchettes de 6 centimètres de largeur et ayant 35 centimètres de longueur, clouées ensemble pour former un tube carré aux bouts duquel est placée une porte légère en fer-blanc, s'ouvrant à l'intérieur de manière à former nasse.

L'animal attiré par un morceau de viande crue placé dans ce tube entrera dedans en soulevant la petite porte et n'en pourra plus sortir.

Enfin la courtilière faisant son nid à 10 ou 15 centimètres au-dessous du sol qu'elle relève le plus souvent sous une touffe d'herbe, d'oseille, de fraisier, etc., il est facile de s'en apercevoir; dans ce cas, on creuse à la bêche et on enlève les œufs qui s'y trouvent quelquefois par centaines.

On peut encore profiter du moment où il n'y a plus de végétaux sur le sol pour y verser de l'urine de bestiaux ou du jus de fumier en fermentation. L'un ou l'autre de ces liquides fait périr infailliblement toutes les courtilières, jeunes et vieilles.

COUSINS

Tout le monde connaît ces insectes déplaisants par leur bourdonnement et nuisibles par leur piqûre qui occasionne des démangeaisons insupportables. Le vinaigre appliqué aussitôt sur la piqûre en arrête les inconvénients.

Le meilleur moyen de s'en débarrasser est d'engluer des lattes avec du miel mélangé de vin, que l'on posera sur la face intérieure de la fenêtre de manière à séparer la hauteur de la vitre en deux parties. Les cousins qui se dirigent toujours vers la lumière, voltigeront sur la vitre et finiront par coller leurs ailes aux lattes engluées.

Dans la nuit, on emploie un autre moyen qui réussit également : on place au milieu de la chambre une lanterne allumée et, sur chaque verre, on étend sur les deux tiers de la hauteur, du même mélange que celui indiqué ci-dessus. Le tiers du milieu ne devra pas être englué pour mieux attirer ces insectes vers la lumière et aussitôt l'effet attendu ne manquera pas de se produire.

DERMESTES

A l'état parfait, cet insecte vit sous les feuilles mortes, les pierres, dans les fumiers ; la femelle, au moment de la ponte, recherche les substances animales pour y déposer ses œufs, tels que fourrures, animaux empaillés, etc. Les larves imperceptibles, qui proviennent de ces œufs, ne travaillent jamais à découvert et l'on ne s'aperçoit souvent de leurs ravages que lorsque tout est consommé ; mais dès qu'on découvre leur présence, il faut secouer ou battre très fortement les objets endommagés, puis introduire dans les poils ou dans les plumes du poivre, du camphre, de l'arsenic, de l'alun, du soufre, etc.

ESCARGOTS

Les escargots jouissent de la faculté de pouvoir reproduire les parties de leur corps qu'on a mutilées ou enlevées ; ils possèdent en outre une autre particularité qui consiste, après s'être logés dans un trou de muraille, en terre ou au pied des arbres pour y passer l'hiver, à calfeutrer l'entrée de leur coquille avec une liqueur qu'ils sécrètent. Il y en a de très gros que l'on trouve dans les vignes et dont on fait une grande consommation ; la chair des escargots de Bourgogne est très recherchée.

Ces mollusques causent en été de grands dégâts dans nos potagers, c'est pourquoi il faut les détruire en leur faisant une chasse continuelle et aussi en employant les mêmes moyens que pour les limaces. (Voir page 117.)

FOURMIS

Ces insectes, très désagréables sous tous les rapports, sont extrêmement curieux par leurs mœurs. Ils vivent en sociétés de même espèce composées de mâles, de femelles et de neutres. Ce sont ces derniers qui s'occupent de la construction de l'habitation, de la garde et de la défense de celle-ci, de la nourriture et des soins des larves.

Les mâles et les femelles sont pourvus d'ailes

et les neutres n'en ont pas. L'accouplement se fait au mois de juillet, en l'air, à 2 ou 3 mètres au-dessus de l'habitation; la femelle rentre dans le nid pour y déposer en plusieurs fois 3 ou 4000 œufs, et les mâles qui sont en beaucoup plus grand nombre, meurent après avoir rempli leur unique fonction de propagation. Aussitôt que les femelles sont rentrées dans leur demeure souterraine, elles s'arrachent les ailes ou se les voient enlever par les neutres. Deux ou trois jours après la ponte, les neutres transportent les larves, à la partie la plus élevée de leur habitation pour qu'elles reçoivent les rayons du soleil.

Si par hasard l'éminence de la fourmilière est bouleversée, les neutres viennent prendre aussitôt les larves pour les rentrer le plus profondément possible dans les galeries.

Une fourmilière se compose de cellules creusées dans le sol, les unes au-dessus des autres et reliées par des espèces de soupiraux; le tout est recouvert au-dessus du sol par un amas de brindilles, d'herbes, de graines, etc., qui forme un toit que la pluie ne peut pénétrer et au centre duquel est ménagée une cheminée que les fourmis ferment à volonté.

Elles commencent à circuler vers le mois de

mars pour rentrer définitivement dans leur demeure vers le mois d'octobre et y passer l'hiver dans une espèce d'engourdissement. La nuit, elles rentrent également au bercail pour ne sortir que le matin.

En, résumé ces insectes commettent des déprédations pendant six mois de l'année; ils s'attaquent, dans nos intérieurs, aux viandes, aux pâtisseries, aux confitures, au sucre, etc.; dans nos jardins, aux plus beaux fruits, tels que poires, prunes, abricots, etc., et laissent partout sur leur passage une odeur particulière.

Les deux moyens les plus usités pour détruire les fourmis sont les suivants :

On les attire dans un verre ou un vase rempli aux 2/3 d'eau dans laquelle on fait dissoudre un peu de confiture ou de miel. On met sur cette eau, après les avoir enduits légèrement de confitures, un ou deux bouts de paille bien ronds et bien droits qui auront 1 ou 2 centimètres en moins que le diamètre du vase. Les fourmis croyant profiter de ce support, pour se repaître de l'appât, l'envahiront : inévitablement leur poids fera chavirer le point d'appui et toutes se noieront. Lorsqu'il y en aura une certaine quantité, on jettera le contenu du vase pour le nettoyer et recommencer l'opération.

Le second moyen consiste à enduire de confiture, toujours légèrement, une planche de 25 à 30 centimètres de longueur sur 15 à 20 centimètres de largeur et à la poser sur le passage des fourmis; puis on placera sur celle-ci une autre planche de la même grandeur que l'on soulèvera avec des allumettes pour que les fourmis puissent s'y introduire. Il est facile de comprendre qu'au moment où elles seront occupées à prendre leur nourriture, il suffira de retirer les allumettes, d'appuyer et même de frotter les planches l'une contre l'autre pour les écraser toutes. Après cette opération, il faut nettoyer les planches et remettre des confitures ou du miel pour continuer la destruction.

On peut encore, lorsque la fourmilière n'est pas établie au pied d'un arbre ou d'une plante, l'inonder d'eau bouillante.

On détourne les fourmis des végétaux en badigeonnant soit avec un pinceau, soit avec une brosse douce, les branches, les feuilles sur lesquelles circulent ces insectes, avec une dissolution d'un gramme d'aloès fondu dans un litre d'eau.

La fleur de soufre, le marc de café bouilli, les feuilles d'absinthe et de tabac, le cerfeuil chassent également les fourmis de nos offices ou de nos garde-manger.

GRILLONS

Cet insecte de l'ordre des Orthoptères se trouve en grande quantité dans les campagnes et surtout dans les boulangeries où sa présence est très désagréable ; il s'attaque à tous les comestibles.

Le mâle produit un son aigre et perçant qui lui a valu le nom vulgaire de cri-cri. La femelle choisit un endroit chaud, une fissure de cheminée,

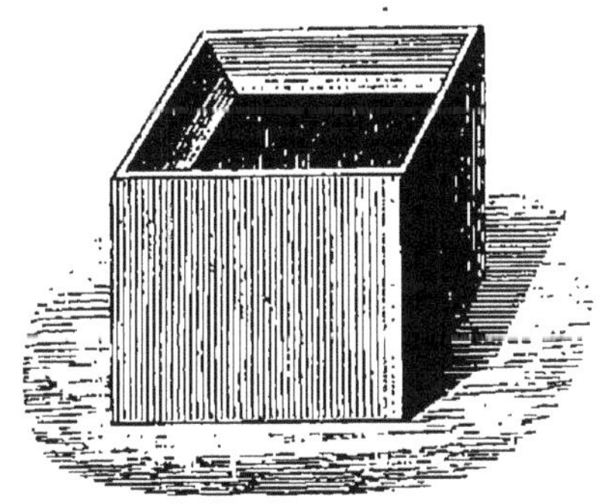

Fig. 36. — Piège à grillons et à cafards.

pour y déposer ses œufs qui sont toujours en nombre considérable (deux ou trois cents).

Dans les pays chauds, on en trouve des quantités innombrables et leur présence devient un véritable fléau.

Pour détruire ces insectes on se sert du piège ci-dessus (fig. 36.)

C'est une boîte d'environ 30 cent. de longueur
sur 15 cent. de largeur ; l'intérieur est garni de
zinc qu'on rabattra, sur une largeur de 5 à 6 cent.
avec une inclinaison vers le fond, de 45 degrés.
Une ou deux feuilles de salade et de la mie de
pain trempée dans la bière, que l'on déposera au
fond de ce piège, attireront les grillons qui glisse-
ront sur le petit bord de zinc et tomberont dans
l'intérieur, alors, il leur sera impossible d'en
sortir.

Plusieurs de ces pièges placés autant que possible près des murailles, permettront de capturer
des quantités considérables d'insectes.

La boîte comprend une porte latérale permettant de se débarrasser de la récolte de chaque
nuit ; on la détruit en la jetant, soit dans l'eau,
soit dans le feu.

GUÊPES

Les guêpes proprement dites comprennent beaucoup d'espèces dont chacune vit en société composée de mâles, de femelles et de neutres. Ces
derniers n'ont pour fonctions que de construire
les habitations et donner des soins aux larves ; ces

demeures sont garanties par une sorte de papier gris, gommé avec une liqueur sécrétée par l'insecte et fixées à une branche ou à un faîtage de grenier. Ces nids de guêpes contiennent des rayons horizontaux formés d'alvéoles dans lesquelles les femelles viennent déposer leurs œufs vers le milieu de l'été. La croissance des larves est très rapide, en peu de temps elles accomplissent leurs métamorphoses et quittent leurs cellules pour travailler à l'agrandissement de leur habitation si cela est nécessaire.

Les mâles survivent peu à la fécondation ; les neutres meurent aux premiers froids et les femelles quittent leur demeure pour passer l'hiver dans un trou d'arbre ou dans une vieille muraille pour en sortir au printemps et recommencer ce qui vient d'être décrit.

Les guêpes causent de grands dégâts dans les jardins fruitiers et en particulier dans les vignes.

Pour les détruire, on se sert de flacons de forme conique plus larges au fond qu'à l'entrée. On les remplit à moitié d'eau dans laquelle on aura fait dissoudre de la confiture de fruits et on les suspend aux branches ou aux rameaux des plantes à préserver. Les guêpes sont très friandes de ce sirop ; elles pénètrent dans le flacon et s'y noient. On doit visiter ces pièges tous les deux ou trois jours et enlever toutes les captives qu'on écrasera avec le pied, même quand elles paraîtraient mortes, puis on remettra de l'eau préparée dans chaque flacon.

On peut remplacer le flacon par un verre (fig. 37) rempli d'eau ordinaire, sur lequel on pose le couvercle ci-dessous.

Fig. 37. — Piège à mouches et son couvercle.

On enduit l'intérieur de ce couvercle avec des confitures ou du miel, pour attirer les guêpes. Elles passent par l'ouverture du centre et lorsqu'elles sont repues, elles veulent s'envoler, mais aussitôt elles se noient.

HANNETONS

Ce coléoptère, connu de tout le monde, canse de très grands dégâts aussi bien à l'état de larve qu'à celui d'insecte parfait. Le *hanneton* paraît au centre de la France vers le mois d'avril; après avoir ravagé pendant six semaines environ les feuilles de nos arbres fruitiers et forestiers, il s'accouple et, un peu après, la femelle choisit un terrain léger où elle dépose ses œufs, au nombre d'une trentaine, à 5 ou 7 centimètres au-dessous de la surface du sol. Ils éclosent un mois après, pour donner naissance à de petites larves, d'un blanc sale et jaunâtre munies de pattes, qui rongent les racines. Ces larves mettent trois années à acquérir leur accroissement; elles sont alors connues sous le nom de vers blancs qui, on le sait malheureusement trop, causent des ravages considérables. Ensuite elles se transforment en nymphes pour sortir de terre, au printemps, en insectes parfaits.

Il faut donc, pour amoindrir le nombre de larves, détruire le plus possible de hannetons.

La figure 38 indique la forme du piège employé pour les capturer.

Pour s'en servir, on allume une lampe que l'on place dans la partie vitrée A, puis vers 8 heures du soir, on suspend cet appareil à une branche d'arbre afin qu'il se trouve à environ trois mètres du sol. Les hannetons attirés par la lumière de la

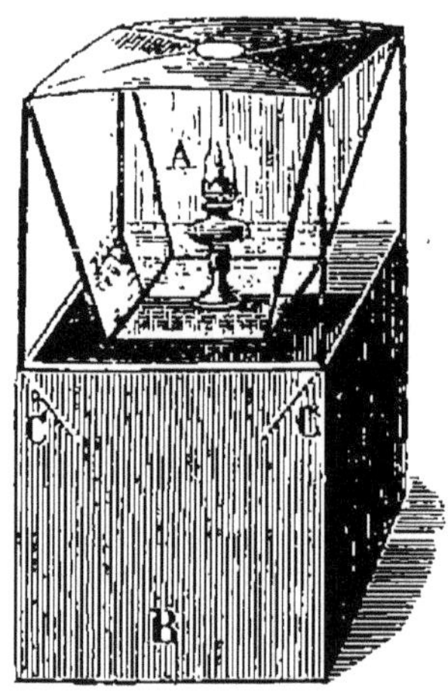

Fig. 38. — Piège à hannetons.

lampe se précipitent pour l'atteindre et rencontrent la partie vitrée qui leur barre la route.

Naturellement le choc leur fait fermer les ailes et alors ils tombent dans le récipient B duquel ils ne peuvent sortir en raison de la position inclinée des bords en métal C. C. Une porte est ménagée au bas de l'appareil afin de pouvoir tirer les hannetons qu'on aura fait préalablement mourir en plaçant l'appareil sur le feu.

LIMACES

Les mœurs des limaces se rapprochent beaucoup de celles des escargots ; elles circulent plutôt matin et soir et surtout lorsqu'il pleut. On profite de leurs excursions pour leur faire la chasse et les écraser.

On peut aussi s'en débarrasser en les attirant par les divers moyens suivants :

Une tuile ou une planche posée sur le sol, ayant l'extrémité du côté du nord un peu soulevée avec une pierre, forme un abri que les limaces recherchent.

Une écorce d'arbre, dont on place la partie creuse du côté du sol, produit le même résultat.

Un tas de gros son mouillé les attire également; chaque matin, avant le lever du soleil, on les y trouve s'en repaissant.

Une feuille de chou chauffée et graissée leur plaît beaucoup.

En pratiquant ces divers moyens, on se débarrassera rapidement des limaces.

Nous ajouterons seulement à ce que nous avons déjà dit à leur sujet que l'abri que les limaçons recherchent le plus est une planche posée de champ dans le bas des murs exposés au midi ou au levant, de manière à laisser un peu d'espace derrière. Chaque matin, de bonne heure, on pourra les recueillir pour les donner aux volailles.

LISETTE

C'est un insecte qui cause beaucoup de tort aux rosiers surtout. Le seul moyen de lui faire la chasse, c'est de couper avec des ciseaux les feuilles qu'elle enroule et de les brûler.

Cet insecte porte encore le nom de *bêche*.

MITES (voyez *Dermestes,* page 106)

MOUCHES

Ces insectes, si incommodes surtout dans les fermes, les épiceries et dans les endroits où se trouvent en évidence des produits de consommation, sont faciles à prendre dans un piège appelé *carafe à mouches* (fig. 39) que l'on place au-dessus d'un peu de confiture ou de sucre, après avoir mis un verre d'eau dans cette carafe.

Ainsi qu'on le voit par cette figure, le fond de

la carafe qui est supportée par trois pieds, est
conique en rentrant vers l'intérieur ; une ouverture
de 6 ou 7 centimètres de diamètre termine le faîte

Fig. 39. — Carafe à prendre les mouches.

du cône. Les mouches s'introduisent sous la carafe
pour s'y repaître de sucre ou de confiture, s'en-
volent après leur repas et entrent naturellement
dans le piège où elles se noient.

Un second moyen pour les prendre, consiste à se
servir d'un verre rempli aux trois quarts d'eau de

savon et sur lequel on placera un couvercle en métal ou en papier fort, percé au centre d'un trou de 12 à 15 millimètres de diamètre (voir fig. 37, page 114). On enduira l'intérieur de ce couvercle de miel ou de confiture, et le piège sera complet. Les mouches, attirées par l'odeur de l'appât, entrent par l'ouverture qu'elles ne retrouvent plus, lorsqu'après être repues, elles veulent s'envoler ; alors elles subissent le même sort qu'avec la carafe.

Il y a un troisième moyen de les détruire : on se sert de deux planches d'égale grandeur ; on les attache ensemble d'un bout, de manière qu'elles se trouvent écartées l'une de l'autre d'environ un centimètre ; on enduit de confiture les deux faces intérieures et on suspend l'appareil au plancher.

Les mouches ne manquent pas de s'introduire entre les deux planches pour se repaître. Alors, en appuyant les planches l'une contre l'autre, on écrasera toutes les mouches qui s'y trouveront. En recommençant cette opération quatre ou cinq fois par jour, on finit par en détruire un grand nombre.

Nous ne conseillons ni le poison ni le papier tue-mouches, parce que ces moyens présentent des inconvénients, les mouches allant tomber partout, même dans les plats et les casseroles où elles apportent avec elles les substances toxiques qui occasionnent leur mort.

MOUSTIQUES (Voyez *Cousins*)

PUCES DE TERRE OU ALTISES

Ces insectes attaquent les plantes potagères et les dévorent. Pour les détruire, on se sert d'une planche légère à laquelle on rapporte des côtés munis d'une poignée et on l'enduit intérieurement d'une matière gluante. Ensuite on promène cet appareil au-dessus des plantes en les touchant légèrement ; les insectes effrayés sautent, croyant échapper à un danger, ils restent collés à la planche.

On répète l'opération après un grattage et après avoir englué de nouveau la planche.

PERCE-OREILLES

Le nom vulgaire donné à ces insectes vient de ce que l'on a cru qu'ils cherchent à s'introduire dans les oreilles des enfants ; mais c'est là une erreur populaire qui ne mérite aucune attention.

On sait que l'extrémité de leur abdomen est

armée de deux appendices cornés, formant le crochet dont ils se servent comme organes de défense.

La femelle veille sur ses œufs et si elle les croit en danger, elle les transporte ailleurs.

Ces insectes s'attaquent aux plus beaux fruits de nos vergers, il faut donc s'en débarrasser ; le meilleur moyen de les détruire, c'est de placer des chiffons de laine dans un pot à fleur. Les perce-oreilles affectionnent beaucoup ce refuge qui les attire d'assez loin. Il est facile ensuite de les faire tomber dans un vase rempli d'eau de savon.

PUCERONS

Ces insectes de couleur vert-clair ont le corps mou ; ils vivent en société sur nos arbres fruitiers, sur le pommier surtout, ils s'attachent aux extrémités des jeunes pousses et sucent la sève. Ils ne sautent point, ils marchent lentement. La piqûre qu'ils font aux feuilles et aux jeunes tiges en arrête la pousse et leur font prendre différentes formes. La liqueur sucrée qu'ils déposent sur les feuilles attire les fourmis, ce qui vient encore aggraver le mal.

En outre ils se multiplient d'une façon effrayante, c'est donc pour toutes ces raisons qu'il faut s'en débarrasser au plus tôt.

Les liquides suivants sont employés ordinairement pour leur destruction : du jus de feuilles de tabac ou une dissolution d'un gramme d'aloès dans un litre d'eau. Sur les branches, on se sert d'un pinceau ou d'une brosse trempée dans le liquide et, sur les faibles rameaux, on projette ce liquide avec un pulvérisateur qu'il est facile de se procurer dans toutes les quincailleries. Il faut répéter trois ou quatre fois cette opération, de jour en jour.

Voici encore un autre procédé :

On vient de découvrir que la tomate jouit d'une immunité peu commune à beaucoup de végétaux; elle est non seulement à l'abri des insectes, mais de l'eau édulcorée avec ses feuilles tue les pucerons des arbres fruitiers.

Plantée dans les serres, la tomate est un excellent préservatif, car on n'y voit jamais de chenilles, de pucerons, ni d'autres insectes. C'est même à cause de cette propriété *insectifuge* qu'on l'avait préconisée contre le phylloxéra, mais l'usage n'en a pas été reconnu pratique.

PUCERON LANIGÈRE

Cet insecte est le plus dangereux ennemi du pommier ; comme les autres pucerons, il a le corps mou et sa présence est facile à reconnaître en raison du duvet cotonneux blanc, qu'il produit pour s'abriter.

Sa reproduction est accompagnée d'une série de phénomènes qui offrent des particularités très remarquables : en automne apparaît une génération dont les mâles sont ailés, et les femelles sans ailes ; celles-ci, après accouplement, pondent des œufs fécondés, d'où vient une nouvelle génération dont les femelles produisent des petits pucerons, sans avoir été fécondées.

L'auteur Bonnet, qui s'est livré sur cet insecte à de nombreuses et minutieuses observations, a obtenu, par l'isolement des femelles, jusqu'à neuf générations dans l'espace de trois mois et il se trouve dans celles-ci des pucerons vivipares, produisant des formes également vivipares qui se multiplient ainsi pendant toute la belle saison. A l'automne apparaissent des mâles et des femelles ovipares qui s'accouplent et donnent une nombreuse progéniture qui fait la désolation de nos horticulteurs.

Les pucerons lanigères s'attachent aux branches surtout à celles des pommiers qu'ils couvrent complètement ; ils sucent la sève, forment des boursouflures qui deviennent des chancres et font périr la branche attaquée.

Malheureusement cet insecte est très difficile à détruire. Le moyen qui réussit le mieux est l'emploi du feu. Pour cela on prend des petites poignées de paille que l'on allume et que l'on promène vivement sur les branches infestées de ces insectes. Cette opération doit se faire au printemps, avant que la végétation soit trop avancée.

On préconise aussi la composition suivante, qu'on emploiera en se servant d'un pinceau pour enduire les branches couvertes par ces insectes :

    1 kilog. d'huile de colza,
    30 grammes de vitriol,
    50   id.   d'alun,
    40   id.   de sel ammoniac.

Après avoir bien broyé ces deux dernières substances, on les mélangera avec les deux premières.

On aura soin de bien imbiber les boursouflures, les fentes et les gerçures et même le corps de l'arbre.

Il faut beaucoup de persévérance pour détruire les pucerons lanigères, car ils sont difficiles à déloger et s'il en restait quelques-uns, on verrait bien vite de nouveaux envahissements.

SCORPION

Cet arachnide se trouve dans le midi de la France ; son corps se termine par une queue longue et frêle ayant un dard venimeux à son extrémité. Il vit sous les pierres, les bois pourris, dans les endroits humides et même dans les habitations où il se nourrit de cloportes, d'araignées, etc.

En France, sa piqûre cause plus de désordres que celle d'une guêpe et, dans les pays chauds, elle est parfois mortelle.

La femelle prend très grand soin de sa progéniture, elle la porte sur son dos jusqu'à ce que les petits soient assez forts pour trouver eux-mêmes une retraite, ce qui n'a lieu qu'au bout de quatre ou cinq semaines.

On détruit facilement le scorpion, en plaçant

dans l'endroit fréquenté par ce désagréable animal une tuile imbibée d'eau que l'on soulèvera d'un bout avec une pierre ; il se réfugiera sous cette tuile qu'il sera facile d'enlever pour le tuer avec le pied ou avec un bâton.

TEIGNES

On désigne généralement sous ce nom toutes les petites espèces de papillons de nuit qui se renferment dans un cylindre ou fourreau. Leurs chenilles ou larves causent de grands ravages dans les appartements, dans les greniers à grains.

Lorsque la larve de cet insecte habite les fourrures, il faut employer le moyen indiqué pour le dermeste (page 106).

Si c'est dans le blé qu'il se trouve, on peut employer le tarare appelé « tue-teignes » qui projette les grains avec violence contre les parois de la machine, et aucun des insectes qui ont pris domicile dans le tas de blé, ne résiste à cette opération, ils sont tués infailliblement.

VERS BLANCS

Le ver blanc, qui est la larve du hanneton, est assez difficile à détruire.

Un des moyens recommandés est de faire suivre la charrue par des dindons que peut conduire un enfant derrière le laboureur. Ces volatiles s'habituent bien vite à suivre les sillons et il arrive qu'au bout d'une demi-heure, on peut se dispenser de les surveiller.

Le fumier humide des porcs et leur urine, ainsi que des cendres de charbon de terre, servent aussi à faire périr les vers blancs. (Voir hannetons.)

Il y a d'autres procédés de destruction, qui ont été récemment préconisés contre les vers blancs; mais leur exposé nécessiterait des explications qui nous feraient sortir du cadre de ce petit ouvrage.

APPENDICE

PRINCIPAUX ENGINS ET APPATS

POUR CHAQUE ESPÈCE DE POISSON

Ablette. — Se pêche d'*avril en octobre* avec échiquier, senne, verveux et ligne fine ayant 3 ou 4 hameçons n°ˢ 16 et 18 amorcés avec asticots, blé cuit, mouche ordinaire, sang caillé, vers blancs et rouges et vers d'eau.

Alose. — De *mai en août* principalement avec des filets : épervier, senne et verveux. Lorsqu'on se servira d'hameçons, on amorcera avec des queues d'écrevisse dépouillées de leur test.

Anguille. — D'*avril en septembre* avec la ligne à soutenir et surtout la ligne de fond garnies d'hameçons n°ˢ 1 et 2 amorcés avec chatouille (espèce de petite lamproie), fèves cuites, limaces, petits poissons : goujons, loches ou vérons, vers de terre, vers rouges et viande de bœuf cuite.

Barbeau. — De *mai à septembre* avec la ligne à soutenir et aussi la ligne de fond ayant des hameçons n°s 1 à 4 amorcés avec fromage de gruyère, goujons, queues de petites écrevisses, rate cuite, vers de terre, vers blancs à queue, vers blancs de viande et vers rouges.

Barbillon. — De *mai à août* avec hameçons plus petits et mêmes amorces que pour le barbeau.

Brême. — D'*avril en août* avec la ligne à soutenir montée d'hameçons n°s 3 et 4 amorcés avec blé cuit, boulettes de vers rouges, chènevis cuit, fèves cuites, vers de terre, vers blancs à queue, vers blancs de viande et vers d'eau.

Brochet. — Toute l'année avec ligne solide montée d'hameçons forts et doubles fixés par une chaînette de fil de laiton et amorcés de poissons vivants : carpillons, gardons et goujons et à défaut, de rate cuite, de queues d'écrevisse, de viande de bœuf cuite et de viande de veau crue.

Carpe. — De *mars à octobre*, avec toute espèce de filets et avec la ligne flottante et la ligne de fond montées d'hameçons forts amorcés de blé cuit, boulettes de pain tendre trempées dans l'huile à manger, chènevis cuit, fèves cuites et vers de terre.

Chabot. — *D'avril à septembre*, avec la ligne flottante montée d'hameçons fins amorcés d'asticots et vers d'eau. On le prend surtout avec des filets à mailles fines.

Chevesne. — De *juin à février*, avec une ligne solide dont la canne sera forte, longue et renforcée de ligatures et dont les hameçons, en n°s 2, 4, 6, seront amorcés, selon la saison, avec asticots, blé cuit, cafards, cerises, chenilles sans poil, fèves cuites, fromage de gruyère, grosses mouches communes, morue, papillons (le corps), queues d'écrevisse, raisin, rate crue, sang caillé, santerelles, vers de terre, vers blancs et vers d'eau.

Éperlan. — *D'avril à septembre*, avec la ligne flottante montée d'hameçons fins amorcés d'asticots, mouches ordinaires et vers blancs à queue. On le capture surtout avec la senne, l'échiquier et l'épervier.

Épinoche. — *D'avril à août*, mêmes filets, hameçons et amorces que pour l'éperlan.

Écrevisse. — *D'avril à septembre*, avec balances amorcées de viande crue corrompue et de grenouilles écorchées.

Gardon. — *D'avril à septembre*, avec la ligne

flottante montée d'hameçons n°s 10 et 12 amorcés
d'asticots à l'état de chrysalide, blé cuit, boulette
de pain tendre, demoiselle (le corps), mouches ordinaires, queues d'écrevisse, sauterelles, vers rouges, de farine et d'eau. On le prend aussi avec
l'épervier.

Goujon. — D'*avril à octobre*, avec l'épervier et
surtout le goujonnier, genre d'échiquier. A la ligne flottante, on se sert d'hameçons fins amorcés
avec asticots, vers rouges et de préférence les vers
bariolés du terreau.

Grenouille. — D'*avril à août*, avec la ligne volante montée d'hameçons triples pointes n°s 10 et
12 amorcés de cœur de bœuf, drap rouge, feuille
de coquelicots, hanneton, mouche ordinaire, papillon rouge et vers rouges.

Lamproie. — De *mars à octobre*, avec les verveux ou la ligne de fond munie d'hameçons n°s 2,
4 et 6, amorcés de queues d'écrevisse.

Loche. — D'*avril à octobre*, avec la truble et
l'échiquier ou la ligne flottante garnie d'hameçons
fins amorcés de vers rouges et d'insectes tendres.

Lotte ou **Moutelle.** — D'*avril à novembre*, se
prend dans les verveux et nasses et à la ligne de
fond munie d'hameçons moyens amorcés avec
goujon, queues d'écrevisse et vers de terre.

Meunier. — Voyez Chevesne.

Ombre chevalier. — D'*avril en septembre*, avec la senne et le tramail ou à la ligne flottante et volante montée d'hameçons forts amorcés avec mouches ordinaires et artificielles, queues d'écrevisse et vers de terre.

Perche. — De *mai à novembre*, avec ligne flottante munie d'hameçons n°s 6, 8, et 10 amorcés de chair de pattes d'écrevisses, goujons ou vérons vivants, rate crue, veau ou bœuf cuit, vers de terre et vers rouges.

Saumon. — De *mars à août*, avec la ligne flottante montée d'hameçons très forts amorcés avec gardons, goujons ou vérons vivants, mouche artificielle, queues d'écrevisses et vers de terre.

Tanche. — D'*avril à septembre*, avec toute espèce de filets ou à la ligne dormante munie d'hameçons moyens amorcés de vers de terre.

Truite saumonée. — De *mars à août*, avec la ligne flottante montée d'hameçons n°s 6, 7 ou 8, amorcés de chatouille, mouche artificielle, pattes d'écrevisses et petits poissons vivants.

Truite franche. — De *mars à août*, avec les mêmes filets que l'ombre ou à la ligne flottante munie d'hameçons forts amorcés de cousin, hanneton, goujon, véron, mouche artificielle, sauterelle, viande de poisson mort, vers de terre, vers rouges et vers d'eau.

Vandoise ou **Dard**. — D'*avril à octobre*, avec l'échiquier et l'épervier ou à la ligne flottante montée d'hameçons fins amorcés d'asticots, vers blancs à queue, queues d'écrevisse et surtout la larve de la phrygane ou porte-bois.

Véron. — De *mai à septembre*, avec des filets concurremment avec l'ablette et le menu fretin ou la ligne flottante munie d'hameçons très fins amorcés de sang caillé et surtout d'asticots.

En terminant ces renseignements nous croyons être utile aux pêcheurs en leur indiquant des pliants articulés tout en bois, très solides, que l'on peut se procurer dans toutes les maisons d'articles de ménage.

FIN.

LIBRAIRIE AGRICOLE

DE LA

MAISON RUSTIQUE

RUE JACOB, 26, A PARIS

☞ *La Librairie agricole de la Maison Rustique envoie franco, à toute personne qui en fait la demande, son catalogue le plus récent.*

Un numéro spécimen AVEC PLANCHE COLORIÉE *du* Journal d'agriculture pratique *ou de la* Revue horticole *est adressé à toute personne qui en fait la demande accompagnée de 30 centimes en timbres-poste pour chaque journal.*

(Voir l'*Avis important* à la page suivante.)

DIVISION DU CATALOGUE

Série C. nᵒ 43. — Janvier 1896.

AVIS IMPORTANT

La Librairie agricole, ne pouvant ouvrir un compte à toutes les personnes qui s'adressent à elle, est forcée de n'exécuter que les commandes accompagnées de leur paiement.

Toute commande de livres doit donc être accompagnée du montant de sa valeur et des **frais de port**.

Envois par la poste. — Si l'envoi doit se faire par la poste, ajouter pour les frais de port 0 fr. 25 au montant de toute commande inférieure à 2 fr. 50, et 10 0/0 du montant de la commande au-dessus de 2 fr. 50.

Envois par colis postaux. — Si l'envoi peut se faire par colis postal, le prix d'un colis postal de 3 kilogr. étant de 0 fr. 60 pour l'expédition en gare, et de 0 fr. 85 pour l'expédition à domicile, calculer le montant des frais de port à raison d'un colis postal par commande de 20 francs.

Nos clients peuvent payer leurs commandes par l'envoi de mandats-poste dont le talon sert de quittance, bons de poste, chèques ou mandats sur Paris, à l'ordre du *Directeur de la Librairie agricole de la Maison rustique.* (Les très petites sommes ou les appoints peuvent être envoyés en timbres-poste.)

On ne reçoit que les lettres affranchies.

Conditions spéciales offertes aux abonnés

du Journal d'Agriculture pratique et de la Revue horticole.

Les abonnés du *Journal d'Agriculture pratique* et de la *Revue horticole* ont droit à une remise de 10 °/₀ *sur tous les livres qui figurent au présent catalogue,* lorsqu'ils viennent les prendre directement à la Librairie agricole, rue Jacob, 26, à Paris.

Au lieu de la remise de 10 °/₀ ci-dessus spécifiée, les abonnés ont droit à l'*envoi franco,* quand les livres doivent leur être remis à domicile ; mais ce droit à l'*envoi franco,* est réservé aux abonnés de France ; il ne s'applique à l'étranger que si l'expédition peut se faire par la poste, et reste comprise dans l'*Union postale.*

La commande doit toujours être accompagnée du montant de sa valeur.

I. — MAISON RUSTIQUE DU XIXᵉ SIÈCLE. — TRAITÉS GÉNÉRAUX D'AGRICULTURE

Maison rustique du XIXᵉ siècle, cinq volumes grand in-8° à deux colonnes comprenant ensemble 2,700 pages, avec 2,500 gravures, publiés sous la direction de MM. Bailly, Bixio et Malpeyre.

Tome Iᵉʳ. — Agriculture proprement dite.

Climat.	Desséchement.	Récoltes.	Plantes-racines.
Sol et sous-sol.	Labours.	Voies de communica-	Plantes fourragères.
Amendements.	Ensemencements.	tion, clôtures.	Maladies des végé-
Engrais.	Arrosements.	Céréales.	taux. — Animaux
Défrichement.	Irrigations.	Légumineuses.	et insectes nuisibles.

Tome II. — Cultures industrielles; animaux domestiques.

Cultures industrielles.		*Animaux domestiques.*	
Plantes oléagineuses.	Houblon.	Pharmacie vétéri-	Cheval, âne, mulet.
— textiles.	Mûrier.	naire. — Maladies.	Races bovines.
— économiques.	Arbres : olivier.	Anatomie.	— ovines.
— médicinales.	— noyer.	Physiologie.	— porcines.
— aromatiques.	— de bordures.	Élevage et engraisse-	Basse-cour.
— tinctoriales.	— de vergers.	ment.	Chiens.

Tome III. — Arts agricoles.

Lait, beurre, fro-	Laine.	Sucre de betterave.	Résines.
mages; fruitières.	Vers à soie.	Lin, chanvre.	Meunerie.
Incubation artifi-	Abeilles.	Fécule.	Boulangerie.
cielle; élevage.	Vins, eaux-de-vie.	Huiles.	Sels.
Conservation des	Cidres, vinaigres.	Charbon, tourbe.	Chaux, cendres.
viandes; salaisons.	Bière.	Potasse, soude.	Arts divers.

Tome IV. — Forêts, étangs; législation, administration.

Pépinières.	Droits de propriété.	Choix d'un domaine.	Personnel, attelages
Culture des forêts.	Distinction des biens.	Estimation.	mobilier.
Exploitation.	Bail, cheptel.	Acquisition.	Bétail, engrais.
Estimation.	Biens communaux.	Location.	Systèmes de culture.
Pêche, Étangs.	Police rurale.	Améliorations.	Ventes et achats.
Empoissonnement.	Des peines.	Capital.	Comptabilité.

Tome V. — Horticulture.

Terrain, engrais.	Semis, greffes, taille.	Jardin fruitier.	Plans de jardins.
Outils de jardinage.	Pépinières.	— fleuriste.	Calendriers du jardi-
Couches, bâches,	Arbres à fruits.	— potager.	nier, du forestier,
Orangerie et serres.	Légumes.	Culture forcée.	du magnanier.

Il n'y a pas d'agriculteur éclairé, pas de propriétaire qui ne consulte assidûment la *Maison rustique du dix-neuvième siècle*, qui est encore l'expression la plus complète de la science agricole.

Prix des 5 volumes (ouvrage complet), brochés, 39 fr. 50. — Reliés, 52 fr.

Chaque volume se vend séparément, broché, 8 fr. — Relié, 10 fr. 50.

BORIE (Victor). — **Les Travaux des champs** (*Bibl. du Cultiv.*).
In-18 de 188 pages et 121 grav. 1.25

——— **Les Jeudis de M. Dulaurier**, Cours élémentaire d'agriculture. 2 vol. in-18 de 216 pages et 67 grav. 1.50

DOMBASLE (de). — **Traité d'agriculture.** 4 vol. in-8° ensemble
de 1,702 pages. . . . .   20. »

Tome Ier. *Économie générale.* 1 vol. in-8° de 410 pages.

— II. *Pratique agricole*, 1re *partie* : améliorations du sol,
engrais et amendements, assolements, instru-
ments ; 1 vol. in-8° de 456 p. et 19 grav.

— III. *Pratique agricole*, 2e *partie* : cultures préparatoires, céréales, fourrages, racines, prairies ;
récolte et conservation des produits. 1 vol. in-8°
de 400 pages et 6 grav.

— IV. *Le Bétail.* 1 vol. in-8° de 436 pages.

Chaque volume se vend séparément . . . .   5. »

——— **Calendrier du bon cultivateur.** 11e édition épuisée. —
La 12e est en préparation.

——— **Abrégé du Calendrier**, ou manuel de l'agriculteur praticien (*Bibl. du Cultiv.*). In-12 de 280 pages 1.25

——— **Extrait de l'Abrégé du Calendrier.** In-12 de 98 pages.   ».60

FRUCHIER (Dr J.-A.). — **Traité d'agriculture théorique et
pratique**, plus spécialement appliqué aux conditions agricoles du midi de la France. 1 vol. in-8° de 816 pag. et 140 gr.
suivi d'un dictionnaire des plantes cultivées, des animaux
domestiques, et de leurs principaux produits. . . . . .   8. »

GASPARIN (Comte de). — **Cours d'agriculture.** 6 vol. in-8° de
plus de 4,000 pages et 235 grav. 39.50

Tome Ier. Terrains agricoles, propriétés physiques des terres,
valeur des terrains, amendements, engrais.

— II. Météorologie agricole, constructions rurales.

— III. Mécanique agricole, agriculture générale, cultures
spéciales, céréales et plantes légumineuses.

— IV. Plantes-racines, plantes oléagineuses, tinctoriales,
textiles, fourragères ; vigne et arbres fruitiers.

— V. Assolements, systèmes de culture, organisation et
administration de l'entreprise agricole.

— VI. Principes de l'agronomie ; nutrition et habitation des
plantes, appendices sur les machines.

Chaque volume se vend séparément . . . .   7. »

GIRARDIN ET DU BREUIL. — **Traité élémentaire d'agriculture.** 2 vol. in-18 de 1500 pages et 955 fig . . . .   16. »

Tome Ier. — Agronomie ; le sol, assainissement, irrigations, labours ;
amendements et engrais ; défrichements ; arts agricoles ; plantes alimentaires cultivées pour leur semence ; céréales, plantes légumineuses.

Tome II. — Plantes fourragères à racines alimentaires ; prairies artificielles et prairies naturelles ; plantes textiles, tinctoriales, économiques ;
plantes potagères de grande culture, assolements, notions sommaires
d'économie agricole ; organisation d'un domaine, exploitation.

Ces volumes ne se vendent pas séparément.

GRANDEAU. — Cours d'agriculture de l'École forestière :
Tome Ier. — La Nutrition de la plante, un beau volume grand in-8° de 624 pages, 89 fig. et 1 planche; prix : cartonné à l'anglaise . . . .   12. »
Le tome Ier seul a paru.

JOIGNEAUX (P.). — Le Livre de la ferme et des maisons de campagne, publié sous la direction de M. P. Joigneaux, avec la collaboration d'un grand nombre de savants et de praticiens, formant une véritable encyclopédie : nouvelle édition entièrement refondue et augmentée. 2 vol. in-4° de 2,116 pages à 2 colonnes avec 1,829 figures dans le texte.
  Tome Ier. — *Agriculture proprement dite :* Terrains et engrais; labours, roulages, binages; méthodes de culture et instruments; assolements et cultures spéciales; céréales, légumineuses, racines, fourrages, plantes industrielles, plantes nuisibles. — *Zootechnie générale :* élevage des bestiaux; chevaux, ânes, mulets, bœufs et vaches laitières, laitages et laiteries; moutons, porcs; basses-cours et colombiers; abeilles et vers à soie; pisciculture; animaux et insectes nuisibles.
  Tome II. — *Arboriculture et horticulture :* Généralités, pépinières, semis; vignes, vendanges et vinification; eaux-de-vie et vinaigres; jardin fruitier, poirier, pommier, pêcher, cerisier, etc.; vergers; culture potagère; fleurs; parcs et jardins paysagers; arbres et arbustes d'ornement, sylviculture. — *Connaissances utiles :* Hygiène de l'homme et du bétail; comptabilité, droit civil, pêche et chasse; recettes diverses.
  Prix des deux volumes : brochés. . . . .   32. »
Les mêmes, reliés, 40 fr.

—— **Les Champs et les Prés** (*Bibl. du Cult.*), entretiens sur l'agriculture : Sols et sous-sols; labourage, engrais; semis, plantation et récoltes; plantes racines, légumineuses, fourragères, oléagineuses, textiles; prairies naturelles. In-18 de 154 pages. 1.25

—— **Traité des graines** de la grande et de la petite culture, importance et choix des bonnes graines; durée des facultés germinatives; fixation des variétés; porte-graines de la grande culture, du potager, du parterre et des arbres (*Bibl. du Cult.*). In-18 de 168 pages. 1.25

—— **Petite École d'agriculture** (*Bibl. des écoles primaires*). L'outillage agricole de l'enfant. — Le fumier, le drainage, les labours, les grains, les semis, les soins d'entretien. — Le jardin fruitier. — L'herbier de l'enfant. — Les insectes utiles et nuisibles. — A l'œuvre pour la récolte. — Petit bétail et petite volaille. — Des petites industries. Un vol. in-18 de 124 pages et 42 gravures, cartonné toile. 1.25

LAURENÇON. — Traité d'agriculture élémentaire et pratique (*Bibl. des écoles primaires*). 2 vol. in-18, ensemble de 248 pages et 44 grav. 1.50

MILLET-ROBINET (Mme). — Maison rustique des enfants.
In-4° imprimé avec luxe, de 320 pages, 120 grav. dans le texte, dessins de Bayard, O. de Penne, Lambert, etc., et 20 planches hors texte . . . .   8. »
Richement relié . . . .   13. »

MOLL ET GAYOT. — Encyclopédie pratique de l'agriculteur, publiée sous la direction de MM. *Moll*, ancien professeur d'agriculture au Conservatoire des arts et métiers, et *Eug. Gayot*, ancien directeur de l'administration des Haras, avec la collaboration d'un grand nombre de savants. 13 vol. in-8° à 2 col., contenant de nombreuses grav. insérées dans le texte.   90. »

OLIVIER DE SERRES. — **Le Théâtre d'agriculture et mesnage des champs,** d'Olivier de Serres, seigneur du Pradel, dans lequel est représenté tout ce qui est requis et nécessaire pour bien dresser, gouverner, enrichir et embellir la maison rustique, édition conforme au texte original, augmentée de notes et d'un vocabulaire, publiée par la Société d'agriculture du département de la Seine. 2 forts vol. gr. in-4° ensemble de 1856 pages. . . . .   50. »

> *Tome I. — Du devoir du Mesnager, c'est à dire de bien cognoistre et choisir les Terres; du Labourage des Terres à grains; de la Culture de la Vigne; du Bestail à quatre pieds, et des Pasturages.*

> *Tome II. — De la Conduicte du Poulailler, du Colombier, du Rucher et des Vers à Soye; des Jardinages pour avoir des Herbes et Fruicts potagers, des Fleurs odorantes, des Herbes médicinales et des Fruits des Arbres; de l'eau et du bois; de l'usage des Aliments.*

La Société centrale d'agriculture de Paris, en publiant cette nouvelle édition du *Théâtre d'agriculture* ne voulut pas que le style fût changé; elle voulut, au contraire, qu'il conservât son originalité, son langage pur et naïf et qu'il fût publié tel qu'Olivier de Serres l'avait livré à l'impression dans les éditions corrigées par lui. Ce livre remarquable à tant de titres est resté l'un des chefs-d'œuvre de la littérature agricole.

SCHWERZ. — **Préceptes d'agriculture pratique,** traduction par MM. de Schauenburg et J. Laverrière (1839-1847), ouvrage ayant obtenu la grande médaille d'or de la Société centrale d'agriculture de France. 4 vol. in-8° ensemble de 1442 pages. 19.50

Chaque volume se vend séparément aux prix suivants.

1re *Partie.* — Préceptes généraux, climat et sol, amendements, engrais animaux, végétaux et minéraux, litières et fumiers, valeurs comparatives et application des engrais. 1 vol. in-8°, 330 pages . . . . .   5. »

2° *Partie.* — Culture des plantes à grains farineux, céréales et plantes à cosses; froment, épeautre, seigle, orge, avoine, maïs et millet. — Pois, vesces, lentilles, fèves, haricots, sarrazin. — Assolements, labours, quantité de semence, récolte et son rendement, paille, son rapport avec le grain, ses propriétés comme fourrage. 1 vol. in-8°, 472 pages. . . . . .   6. »

3° *Partie.* — Culture des plantes fourragères, trèfle, luzerne, esparcette; fourragères supplétives. — Navets, betteraves, choux-raves, carottes, pommes de terre, topinambours, choux, leur récolte, leur conservation et leurs différents emplois économiques dans l'alimentation des chevaux et du bétail. 1 vol. in-8°, 408 pages. . . . .   5. »

4° *Partie.* — Culture des plantes économiques, oléagineuses, textiles et tinctoriales, trad. par M. Laverrière. Lin, chanvre, colza, navette, pavot, tabac. — Gaude, pastel, garance, etc. 1 vol. in-8° 232 pages.   3.50

—— **Manuel de l'agriculteur commençant** (*Bibl. du Cult.*), traduit par Villeroy. In-18 de 332 pages. 1.25

—— **Assolements et culture des plantes de l'Alsace** (1839), ouvrage traduit par V. Rendu, couronné par la Société centrale d'agriculture. 1 vol. in-8° de 312 pages. . . .   3. »

TEISSERENC DE BORT (Edmond). — **Petit Questionnaire agricole** à l'usage des écoles primaires des pays de pâturage (*Bibl. des écoles primaires*). 8° édition. In-18 de 192 p. et 16 grav.   1.25

THOÜIN. — **Cours de culture** comprenant la grande et la petite culture des terres, celle des jardins, les semis et plantations, la taille, la greffe des arbres fruitiers, la conduite des arbres forestiers et d'ornement, un traité de la culture de la vigne et des considérations sur la naturalisation des végétaux (1845), publié par Oscar Leclerc. 3 vol. in-8° ensemble de 1618 pages et un atlas de 65 planches représentant les instruments d'agriculture et de jardinage, les greffes, taillis, boutures, les haies, clôtures, etc. . . . . 18. »

II. — ÉCONOMIE RURALE. — SYSTÈMES DE CULTURE ET COMPTABILITÉ. — MÉLANGES D'AGRICULTURE.

(Voyages, annales, congrès, enquêtes. — Études agricoles appliquées à des régions particulières et monographies d'exploitations rurales.)

Maison rustique du XIXᵉ siècle, tome IV *(voir page 3).*

Almanach du Cultivateur, publié chaque année au mois de septembre, et comprenant toutes les nouveautés agricoles. 192 pages in-32 et nomb. grav . . . . ».50

Annales de l'Institut agronomique de Versailles.
    1ʳᵉ Partie (1852) : Rapports sur l'administration, par Lecouteux; sur l'alimentation du bétail, par Baudement; sur les insectes du colza. par Focillon; etc., etc. In-4° de 272 p. et 3 pl.   3. »
    2ᵉ Partie (1852) : Recherches sur l'alucite des céréales, par Doyère. In-4° de 146 pages . . . .   2. »

BORIE (Victor). — **Étude sur le crédit agricole et le crédit foncier** en France et à l'étranger. 1 v. in-8° de 304 p.   5. »
    « J'ai voulu, dit l'auteur dans sa préface, utiliser au profit de l'agriculture, à laquelle j'ai consacré la meilleure partie de ma vie, l'expérience que j'ai pu acquérir en me trouvant mêlé pendant près de dix ans, aux grandes opérations financières de notre temps. » Tous ceux qui s'intéressent à la question depuis si longtemps à l'étude du crédit agricole, liront avec profit l'ouvrage de M. Victor Borie.

CHERVILLE (G. de). — **Les Mois aux champs.** Préface de M. Jules Claretie. Causerie sur les douze mois de l'année. 1 vol. in-18 de 360 pages 3.50

DESBOIS. — **Le Barême agricole** pour l'évaluation des terres des prés, des vignes et le prix de leur fermage, des récoltes en grains, vins, huiles, foin, paille du rendement des grains en farine et en huile, etc. Broch. in-4° de 108 p. ou tableaux. .   2. »

DOMBASLE (de). — **Annales agricoles de Roville** (1829-1837), 8 vol. in-8° avec une table alphabétique et raisonnée des matières contenues dans les huit volumes, et un supplément.
    Extrait de la table générale des matières : Administration d'un établissement agricole; inventaires; comptabilité. — Bail de Roville. — Améliorations foncières; défrichements, labours, irrigations, amendements, écobuage; façons du sol, hersages, binages, etc., systèmes de culture. — Chimie agricole et physiologie végétale; nutrition des plantes; engrais, fumiers. — Animaux de trait, attelages; bétail; bœufs et vaches, bêtes à laine, chevaux, porcs, etc.; engraissement. — Céréales, froment, seigle, orge, avoine, maïs; betteraves, carottes, navets, pommes de terre, fèves, gesses, trèfle, luzerne, sainfoin, ray-grass, chanvre, colza, houblon, vigne, tabac, forêts et plantations. — Bâtiments de la ferme et instruments aratoires.
    Prix de l'ouvrage complet, 9 vol. cartonnés. . . . . 45. »

DOMBASLE (de). — **Économie générale**, personnel, bâtiments, etc. (t. Ier du *Traité d'agriculture*, voir p. 4). 1 v. in-8°, 410 p. ... 5. »

—— **Économie politique et agricole**, études sur le commerce international dans ses rapports avec la richesse des peuples, et sur l'organisation du travail. In-18 de 196 pages. ... 1.50

—— **Écoles d'arts et métiers**. In-18 de 104 pages. ... 1. »

DREUILLE (de). — **Du Métayage et des moyens de le remplacer**. 1 vol. in-18 de 104 pages. ... 1. »

DUBOST et PACOUT. — **Comptabilité de la ferme**; notions générales, inventaire, comptabilité-matières, comptabilité-espèces, compte moral, produit brut et bénéfices (*Bibl. du Cultiv.*). 1 vol. in-18 de 124 pages ou tableaux. ... 1.25

—— **Registres pour la comptabilité de la ferme**, cinq registres in-folio pot avec instructions pratiques. ... 10. »
Livre d'inventaire. — Livre de magasin de la ferme. — Livre de magasin à l'usage de la fermière. — Livre de caisse de la ferme. — Livre de caisse de la fermière.
Chaque volume se vend séparément ... 2. »

DURRIEUX. — **Monographie du paysan du Gers**; sol, industrie, population, mœurs, caractères, statistique, histoire de la famille, aliments, hygiène, habitation, moyens d'existence, étude sur le régime des successions. 1 vol. in-18 de 260 pages. ... 3.50

F.*** P.***. — **Des Réunions territoriales**, étude sur le morcellement en Lorraine. In-8° de 48 pages. ... ».75

FONTENAY (L. de). — **Voyage agricole en Russie**. 1 vol. in-18 de 570 pages. ... 3.50

FRANÇOIS. — **Manuel de l'expert des dommages causés par la grêle**; effets de la grêle sur les différentes natures de récoltes; maladies et insectes dont les dégâts ne doivent pas être confondus avec ceux de la grêle; des expertises (*Bibl. du Cultiv.*). 1 vol. in-18 de 108 pages. ... 1.25

GASPARIN (Comte de). — **Cours d'agriculture, tome V** : assolements, systèmes de cultures, organisation et administration de l'entreprise agricole, etc. (voir page 4).

—— **Fermage**, guide des propriétaires des biens affermés; estimation, baux, etc. (*Bibl. du Cultiv.*). In-18 de 216 pages ... 1.25

—— **Métayage**, contrats, effets, améliorations, culture des métairies (*Bibl. du Cultiv.*). In-18 de 164 pages ... 1.25

HÉRISSON (Albert). — **Registre de feuilles de semaine des exploitations rurales** disposées pour qu'on puisse y inscrire rapidement : les travaux de la semaine, jour par jour, le mouvement de la caisse avec la désignation des recettes et des dépenses, et enfin le mouvement du magasin et des animaux, c'est-à-dire toutes les indications nécessaires à un contrôle efficace. Ce registre cartonné toile souple, contient 60 feuilles doubles, c'est-à-dire un peu plus du nombre nécessaire pour une année (une instruction pratique expliquant l'usage de ces feuilles de semaine est jointe à chaque registre). ... 5 »
Les mêmes *feuilles de semaine des exploitations rurales*, par collections de 60 feuilles volantes avec la même instruction pratique expliquant l'usage de ces feuilles de semaine. ... 4 50

N. B. — Pour se rendre compte de la méthode de M. Hérisson on peut demander séparément, au prix de 30 centimes l'instruction pratique pour l'usage des feuilles de semaine des exploitations rurales ; cette instruction contient un modèle en blanc de ces feuilles et un autre avec écritures copiées dans une comptabilité de ce système.

IMBART-LATOUR. — De la Crise agricole relative à la vente et à la consommation du bétail en France, notamment en ce qui concerne le Nivernais. Br. in-8° de 62 pages 1.50

LAVERGNE (Léonce de). — Économie rurale de la France depuis 1789. 4e édition. 1 vol. in-18 de 490 pages. 3.50

—— Essai sur l'économie rurale de l'Angleterre, de l'Écosse et de l'Irlande. 5e éd. 1 vol. in-8° de 474 pages. . .   8.50

—— L'Agriculture et la Population. 1 vol. in-18 de 472 pages.   3.50

LAVERGNE (Bernard). — Agriculture des terrains pauvres : assainissement des terrains humides ; prairies naturelles et artificielles ; reboisements ; vigne ; économie agricole, engrais, bestiaux, comptabilité ; 2e édit. 1 vol. in-18 de 802 pages. .   3. »

LE CONTE. — L'Agriculture dans ses rapports avec le pain et la viande, écarts entre les cours du blé et des animaux et ceux du pain et de la viande, leurs causes, remèdes à apporter. Broch. in-8° de 132 pages. . . . .   2. »

LECOUTEUX (Ed.). — Cours d'économie rurale, professé à l'Institut national agronomique. 2e éd. 2 vol. in-18, 984 p.   7. »

Tome Ier. *Les milieux économiques* : Les richesses sociales et leur valeur ; les agents directs de la production, la population, la propriété, la terre, le capital ; l'État et ses institutions ; les débouchés et le régime commercial ; l'œuvre économique du dix-neuvième siècle.

Tome II. *Les entreprises agricoles et les systèmes de culture* : l'entrepreneur et ses moyens d'action, le domaine, le capital d'exploitation, le travail, les engrais ; les produits agricoles ; les systèmes de culture ; administration et comptabilité agricoles.

Ces deux vol. ne se vendent pas séparément.

—— Principes de la culture améliorante. 1 vol. in-18 de 412 pages. 3. 50

Principes généraux de la culture améliorante. — Culture de temporisation ; culture intensive. — Défoncements, défrichements, irrigations, dessèchements et drainage. — Labours, emblavures, récoltes. — Prairies et pâturages. — Amendements, fumiers de ferme et engrais chimiques. — Assolements et rotations.

—— L'Agriculture à grands rendements, 1 vol. in-18 de 668 pages. 3.50

Lois naturelles et lois économiques de l'agriculture. — Les récoltes moyennes et maxima. — Défoncements. — Sous-solages et labours. — Les fumures maxima. — Production et prix de revient du fumier et des purins. — Fumures vertes ou engrais végétaux. — Sélection des semences. — Le capital en culture intensive, etc.

LEFOUR. — Comptabilité et géométrie agricoles (*Bibl. du Cultiv.*). In-18 de 214 pages et 104 grav. 1.25

LESCURE (J.). — L'Agriculture algérienne, un vol. in-18 de 370 pages et 26 figures. 3.50

Considérations générales. — Assolement, labour et engrais. — Plantes fourragères : légumineuses et graminées, à racines et à tubercules. — Céréales. — Plantes industrielles. — La vigne. — Moyens de lutter contre la sécheresse. — Le bétail : le bœuf, le mouton, la chèvre, etc. — Le cheval, le chameau, etc. — De la basse-cour. — Le jardin potager. — Le verger. — L'olivier. — L'eucalyptus. — Sériciculture et apiculture. — Calendrier agricole général, etc.

**

Lullin de Chateauvieux. — **Voyages agronomiques en France** (1843). 2 vol. in-8°, ensemble de 1,032 pages . . 12. »

Malézieux. — **Études agricoles sur la Grande-Bretagne** (1858), climat, plantes, opérations agricoles. — Cheval, bœuf, mouton, porc, volaille. 1 vol. in-8°, 642 pages et 14 pl. 7.50

Méheust. — **Économie rurale de la Bretagne.** In-18 de 220 p. 2.50

Nicolle. — **Assolements et systèmes de culture** : De la fertilité et des exigences des récoltes ; assolements de trois ans et sidération ; assolements qui conviennent aux différents sols et climats ; 1 vol. in-18 de 446 pages . , . . . - . . . 3.50

—— **La Culture pratique dans l'Ouest** ; assolements ; céréales ; plantes sarclées ; légumineuses ; la prairie ; le bétail. 1 v. in-16 de 192 pages. 2.50

Noailles, duc d'Ayen (J. de). — **L'Agriculture et l'industrie devant la législation douanière** (1881). Broch. in-8° de 80 pages. 1 50

Pichat. — **Pratique des semailles à la volée** (1845), 1 vol. in-8° de 110 pages et 16 fig. . . . . 2. »

Pichat et Casanova. — **Examen de la question agricole en Dombes.** In-8° de 72 pages avec tableaux. 1.50

Poirson (Ch.). — **De la production de la viande** et de ses conséquences dans l'économie rurale. In-8° de 36 pages. . 1. »

Rayer (A.). — **Étude sur l'économie rurale, du département de Seine-et-Marne.** 1 vol. in-18 de 320 pages. 2.75
Aspect du pays. — Composition du sol. — Climat. — Le bétail. Animaux de trait. — Animaux de rente. — Assolements. — Céréales. Prairies naturelles et artificielles. — Plantes sarclées et industrielles. Vignes, vergers, bois. — Produit brut et profits. — Voies de communication. — Débouchés. — Population. — Vie rurale. — Influence de Paris. — Rente. — Valeur foncière. — Salaires, — Capital d'exploitation. — Crédit agricole. — Améliorations foncières. — Engrais. De la propriété. — De la culture. — La chasse. — Assurances. — Arrondissements : de Fontainebleau ; de Provins ; de Melun ; de Coulommiers ; de Meaux.

Rieffel. — **Manuel du propriétaire de métairies** (1860), principalement dans l'ouest de la France. Considérations générales, conventions, comptabilité, capitaux, bestiaux, assolements. — Pratique du métayage, avec indication, mois par mois, des travaux à exécuter. 1 vol. in-18 de 300 pages. . . 3.50

Riondet. — **Agriculture de la France méridionale,** ce qu'elle a été, ce qu'elle est, et pourrait être. In-18 de 384 p. 3.50

Risler (Eug.). — **La Crise agricole** en France et en Angleterre. 1 vol. in-16 de 86 pages avec avant-propos . . . . . . 1. »

Saintoin-Leroy. — **Cours complet de comptabilité agricole.**
1° *Manuel de comptabilité agricole pratique*, en partie simple et en partie double, troisième édition, avec modèle des écritures d'une exploitation rurale pour une année entière. 1 vol. gr. in-8° de 192 p. et tableaux. 3. »
2° *Comptabilité simplifiée, agricole et commerciale*, mise à la portée de la moyenne et de la petite culture. 1 vol. gr. in-8° de 96 pages et tableaux. 2. »
Registres pour la tenue de la comptabilité.
Registre-Mémorial de l'agriculteur (comptabilité-matières), réunion de tous les tableaux nécessaires à la constatation de tous les faits d'une exploitation rurale. 1 vol. gr. in-4° oblong. . . . . 3. »

Livre de caisse (comptabilité-espèces), registre en tableaux. Gr. in-4° obl.   2.50

Journal, registre en blanc réglé. 1 vol. gr. in-4° oblong 2.50

Grand-Livre, registre en blanc réglé et folioté. 1 vol. gr. in-4° oblong.   3. »

Registre unique du cultivateur pour l'application, dans les écoles, de la comptabilité simplifiée. 1 vol. petit in-4° oblong, de 25 pages . . .   ».60

Tourdonnet (Cte de). — **Traité pratique du métayage ;** Partage des fruits, apports mutuels, charges domaniales, comptabilité et baux ; améliorations domaniales ; développement du métayage. 1 vol. in-18 de 372 pages. 3.50

Troguindy (Cte de). — **Mémoire sur le domaine du Brohet-Beflou,** plans, climat, cultures, matériel, bétail, comptabilité, etc. 1 vol. in-4° de 150 pages avec plans. . . . .   4. »

Turot (Paul). — **L'Enquête agricole de 1866-1870 résumée,** ouvrage honoré d'une médaille d'or par la société nationale d'agriculture. 1 vol. grand in-8° de 520 pages...   8. »

Wagner (J. Ph.). — **Mathématiques et Comptabilité agricoles.** 2e édition. 1 vol. in-8° de 740 pages et 568 fig.   5. »

> Arithmétique élémentaire appliquée à l'agriculture et à la vie usuelle. — Arithmétique agricole : renseignements et problèmes divers relatifs à la culture du sol, aux engrais, semailles et plantations, à l'alimentation et à l'élevage du bétail, à l'économie rurale. — Cours théorique et pratique de comptabilité agricole. — Géométrie pratique appliquée au calcul des surfaces, à l'arpentage, au nivellement, au levé des plans, au cubage, jaugeage, etc. — Éléments de mécanique et d'hydraulique agricoles, irrigations et drainage.
> La 1re partie de cet ouvrage : **Arithmétique élémentaire appliquée à l'agriculture,** spécialement destinée aux écoles rurales, se vend séparément. 1 vol. in-8° de 202 pages et 33 figures.   1. 25

Zolla (Daniel). — **Code manuel du propriétaire agriculteur.** — La loi, les personnes et les choses. — Voirie et alignement. — Régime des eaux. — Expropriation pour cause d'utilité publique. — De la chasse. — De la pêche. — Impôts. — Lois diverses. — 1 vol. in-18 de 366 pages. . . .   3. 50

III. — CHIMIE ET PHYSIOLOGIE AGRICOLES. SOLS, ENGRAIS ET AMENDEMENTS. PHYSIQUE, MÉTÉOROLOGIE.

Maison rustique du XIXe siècle, tome Ier (*voir page* 3).

Décugis. — **Les Tourteaux de graines oléagineuses ;** fabrication, formes, analyse chimique, conservation et usages ; — applications des tourteaux comme engrais, choix, classification emploi ; — applications comme aliments, valeur alimentaire, rations ; — applications diverses. Ouvrage médaillé par la Société nationale d'agriculture. 1 vol. in-8° de 554 pages. .   8. »

Dehérain (P.P.). — **Traité de chimie agricole.** *Du développement des végétaux :* de la germination ; assimilation du carbone, de l'azote ; composition minérale des végétaux ; nutrition minérale des plantes ; accroissement et maturation, etc. — *La terre arable :* formation, constitution chimique. — *Amendements et Engrais :* Minéraux, végétaux, d'origine minérale ; leur prix et leur valeur. 1 vol. in-8° de 916 pages et 54 grav.   16.»

DÉHÉRAIN (P.P.). — **Les engrais.** *Les Ferments de la terre.* Un vol. in-18 de 228 pages...   3.50

    Les engrais. *Les engrais organiques* : Matières nécessaires au développement des végétaux ; fumier de ferme ; gadoues, viande, sang, cuir, laine, guano ; matières excrémentitielles ; sulfate d'amoniaque ; nitrate de soude ; engrais végétaux, tourteaux, engrais verts. — *Amendements et engrais minéraux :* Amendements calcaires ; plâtre, phosphates ; Engrais de potasse ; la fraude dans le commerce des engrais ; emploi des engrais chimiques.

    Les ferments de la terre. Les ferments pathogènes du sol, les sols maintenus en prairie permanente s'enrichissent d'azote atmosphérique ; circulation de l'azote combiné à la surface du globe ; Discussion de MM. Boussingault et Georges Ville, fixation de l'azote dans le sol par action microbienne, M. Berthelot, M. Hellriegel et Wilfarth, Détermination spécifique des fixateurs d'azote. — *Utilisation de l'azote du sol :* Nécessité des engrais azotés, origine et composition de l'humus ; alimentation azotée des graminées et des légumineuses ; transformation de l'humus : formation de l'amoniaque, formation des nitrates, la nitrification dans la terre arable, étude des eaux de drainage ; Nitrification active de l'arrière-saison ; cultures dérobées d'automne.

DOMBASLE (de). — **Améliorations du sol, engrais et amendements.** (Tome II du *Traité d'agriculture*, voir page 4.)

GAIN. — **Manuel juridique de l'acheteur et du marchand d'engrais et d'amendements.** 1 vol. in-12 de 372 p.   3.50

    Commentaires des lois et règlements concernant la répression de la fraude dans le commerce des engrais ; produits ou engrais protégés par la loi ; contrats donnant lieu à l'action pénale ; fraudes prévues et punies ; pénalité, compétence, prescription, échantillonnage, etc.

GASPARIN (comte de). — **Cours d'agriculture, tomes I, II, et IV :** terrains agricoles, engrais et amendements, météorologie, nutrition des plantes, etc. (voir page 4).

GRANDEAU (Louis). — **Chimie et physiologie appliquées à la sylviculture** (Annales de la station agronomique de l'Est, travaux de 1868 à 1878). 1 vol. grand in-8° de 414 pag.   9. »

—— **La Nutrition de la plante** : les doctrines agricoles, l'atmosphère et la plante (tome Iᵉʳ du *Cours d'agriculture de l'École forestière*), un beau vol. grand in-8° de 624 pages, 39 figures et une planche, cartonné à l'anglaise.   12. »

—— **La fumure des champs et des jardins.** Instruction pratique sur l'emploi des engrais commerciaux, nitrates, phosphates, sels potassiques. Céréales ; culture maraîchère et potagère ; plantes ; vignes et arbres fruitiers. 1 vol. in-16 de 167 pages 1.50

JOULIE. — **Guide pour l'achat et l'emploi des engrais chimiques** (6ᵐᵉ *édit.*, *épuisée.* — *La* 7ᵐᵉ *est en préparation.*)

LEFOUR. — **Sol et Engrais** (*Bibl. du Cult.*). In-18 de 176 p. 54 grav.   1.25

LÉVY. — **Amélioration du fumier de ferme** (*Bibl. du Cult.*) par l'association des engrais chimiques et la création de nitrières artificielles. In-18 de 152 pages...........................   1.25

MARCHAND (Eug.). — **Le Blé à Rothamsted,** résumé des expériences de MM. Lawes et Gilbert, et discussion des résultats. Br. gr. in-8° de 48 pages ou tableaux...........   2.50

MARCHAND (Eug.). — **Le Blé, l'Avoine et l'Orge à Rothamsted,** résumé des expériences de MM. Lawes et Gilbert et discussion des résultats, 2ᵉ partie : origine, utilisation et déperdition de l'azote. Br. in-8° de 48 pag. ou tableaux.   2.50

MARGUERITE-DELACHARLONNY. — Le Fer dans la végétation : Expériences du docteur Griffiths ; amélioration des plantes par le fer ; doses nécessaires. Br. in-18 de 80 pages. . . . .   1. »

MARIÉ-DAVY. — Météorologie et physique agricoles. 1 vol. in-18 de 400 pages et 53 grav. 3.50
L'atmosphère, sa composition, ses propriétés ; températures de l'air, du sol, des végétaux. — Vents et tempêtes ; eau atmosphérique, orages, pluies. — Physique agricole, action des vents, de la chaleur, de la lumière et de l'eau sur la végétation ; régime des eaux courantes ; limites des cultures ; régions agricoles ; pronostics du temps.

MASURE. — Leçons élémentaires d'agriculture, à l'usage des agriculteurs praticiens.
Deuxième partie : Vie aérienne et vie souterraine des plantes de grande culture. 1 vol. in-18 de 477 pages et 20 grav.   3.50

MAUROY (de). — Utilité, composition, emploi des engrais chimiques (*Bibl. du Cultiv.*) ; leur application aux prairies naturelles et artificielles, aux céréales et aux plantes racines. 2e édition, 1 vol. in-18 de 140 pages. 1.25

MULLER (Dr P.-E.). — Recherches sur les formes naturelles de l'Humus et leur influence sur la végétation et le sol, traduit de l'allemand, par Henry Grandean. 1 vol. in-8° de 252 pages et 7 tableaux. . . . . .   10. »

MUSSA (Louis). — Pratique des engrais chimiques, suivant le système Georges Ville (*Bibl. du Cult.*). In-18 de 144 pages.   1.25

NICOLLE (F.). — Les Engrais chimiques et la culture du chanvre. Br. in-16 de 30 pages 0.40

PAGEOT (G.). — Manuel pratique des engrais chimiques à l'usage des cultiv. dans les terres légères. Br. in-8° de 56 p.   0.50

PETERMANN. — La Composition moyenne des principales plantes cultivées. Tableau colorié 2.50

PIERRE (Isidore). — Chimie agricole ou l'agriculture considérée dans ses rapports principaux avec la chimie. 2 vol. in-18 ensemble de 778 pages et 25 figures . , ...   7. »
Chaque volume se vend séparément.
Tome Ier. — *L'atmosphère, l'eau, le sol et les plantes :* L'air, sa constitution, ses altérations, etc.; l'eau atmosphérique ; composition chimique des plantes, cendres ; composition chimique et analyse des sols, irrigations et amendements ; théorie chimique des assolements. . .   3. 50
Tome II. — *Les engrais :* Considérations générales ; engrais organiques d'origine végétale, engrais verts, pailles, etc.; engrais d'origine animale, urines, déjections, excréments ; engrais mixtes, litières et fumiers ; engrais d'animaux divers ; composts, boues, etc.; engrais minéraux ou salins, sels ammoniacaux, nitrates, phosphates, etc. 3. 50

RISLER. — Géologie agricole, 3 v. gr. in-8°, et une carte géologique.   25. »
Les 3 vol. et la carte se vendent séparément.
Tome Ier. — Utilité de la géologie pour l'étude des terres arables. — Terres formées par la décomposition des roches : granite, gneiss, etc. — Terres formées par la décomposition des roches volcaniques : trachytes, basaltes, laves, etc. — Terrains de transition. — Terrains houillers, permiens, pénéens. — Le trias. — Terrains jurassiques. 1vol. av. in-8° de 400 pages 7. 50
Tome II. — Terrains infracrétacés des montagnes du Jura, du sud et du nord de la France, de l'Angleterre, etc. — Terrains crétacés de la France, de l'Angleterre, de la Belgique et de l'Allemagne. — Terrains tertiaires. 1 vol. gr. in-8° de 24 pages et 11 planches. . .   7.50
Tome III. — Les terrains tertiaires et quaternaires : Suisse, Savoie, la Bresse, les Dombes, le Dauphiné, la Provence, le Bas-Languedoc, le Roussillon, la Cerdagne, l'Aquitaine, le Béarn, la Chalosse, les landes de Gascogne, la Gironde. 1 vol. grand in-8° de 409 pages et 6 planches.   7.50
***

RISLER. — **Carte géologique** et statistique des gisements de phosphate de chaux exploités en France. 2.50

—— **Météorologie agricole**, observations faites à Calèves (Suisse) de 1867 à 1876. Br. gr. in-8º de 22 pages et 3 fig. 1. »

—— **Recherches sur l'évaporation du sol et des plantes.** Br. in-8º de 72 pages et 3 fig. . . . . 1. »

RONNA (A.). — **Chimie appliquée à l'agriculture, travaux et expériences du Dr A. Woelcker**; sols, plantes, engrais, recherches culturales; expériences d'alimentation du bétail; etc. 2 vol. gr. in-8º, ensemble de 1008 pages. . 16. »

Eaux d'égout de la ville de Reims, irrigation ou épuration chimique. Broch. grand in-8º de 76 pages ou tableaux. 2. »

SACC. — **Chimie du sol** (*Bibl. du Cult.*). In-18 de 148 pages. . . 1.25

—— **Chimie des végétaux** (*Bibl. du Cult.*). In-18 de 220 pages. 1.25

—— **Chimie des animaux** (*Bibl. du Cult.*). In-18 de 154 pages. 1.25

STOCKHARDT. — **Chimie usuelle**, appliquée à l'agriculture et aux arts, traduite par Brustlein. In-18 de 524 p. et 225 gr. 4.50

Chimie inorganique. — Réactions chimiques; l'eau et la chaleur. — Métalloïdes : oxygène, hydrogène, azote, carbone, soufre, phosphore, chlore, etc. — Acides : azotique, carbonique, sulfurique, phosphorique, etc. — Métaux : potassium, sodium, calcium, etc.; fer et ses combinaisons, zinc, étain, plomb, cuivre, etc., etc. — *Chimie organique*. — Matières végétales : cellulose, amidon et fécule, sucres, alcools, éthers; huiles, beurres, savons; matières colorantes, etc. — Matières animales : œufs (albumine), lait (beurre, caséine), sang (fibrine), chair musculaire, peau, os (phosphate de chaux), urines, etc.

VILLE (Georges). — **Les Engrais chimiques.** Entretiens agricoles donnés au champ d'expériences de Vincennes.

Tome Ier. — *Les Engrais chimiques : Les principes et la théorie.* In-18 de 408 pages et 2 planches. 3.50

Tome II. — *Les Engrais chimiques : Les cultures spéciales.* In-18 de 408 pages et 2 planches. 3.50

Tome III. — *Les Engrais chimiques, le fumier et le bétail : La pratique fécondée par la théorie.* In-18 de 420 pages et 2 planches. . . 3.50

—— **Les Engrais chimiques.** Conférences données à Bruxelles; la betterave; la doctrine des engrais chimiques; l'analyse de la terre par les végétaux. 2e édition. 1 vol. in-18 de 172 pages. 2. »

—— **La Production végétale et les engrais chimiques.** Conférences faites au champ d'expériences de Vincennes, 3e édition. 1 vol. gr. in-8º de 478 pages, 9 fig. et 3 planches. 8. »

—— **Le Propriétaire devant sa ferme délaissée.** Conférences données à Bruxelles, 4e édit. : la production agricole, les engrais, l'aménagement des forces et leur résultat, la sidération. 1 vol. in-18 de 226 pages. . . . . 2. »

—— **L'École des Engrais chimiques**, premières notions de l'emploi des agents de fertilité. In-18, 148 pag. et 1 planche . 1. »

WAGNER (Paul). — **La Fumure rationnelle des plantes agricoles**, traduit de l'allemand par Pierre de Malliard; dosage des engrais. Br. in-8º de 70 pages et 15 planches. . 1.50

IV. — CULTURES SPÉCIALES.

(Céréales, plantes fourragères, vigne, etc., etc.; maladies des plantes, insectes nuisibles.)

Maison rustique du XIXe siècle, tomes I et II (*voir page 3*).

BONIT. — **Viticulture de l'Anjou.** 1 vol. in-18 de 140 pages. 1.50

Courtin. — **Utilisation et effets de l'eau sur les prés ;** utilité de l'irrigation, systèmes divers, ensemencement et entretien du pré, engrais. Br. in-8°, 78 pages et 16 fig. . . . 2. »

Daurel (Joseph). — **Traité pratique de Viticulture ;** Reconstitution des vignobles. — Porte-greffes. — Greffages. — Producteurs directs. — Hybrides. — Soins culturaux à donner aux vignes. — Taille, labours, engrais. — Insecticides. — Maladies de la vigne. — Cryptogames. — Insectes nuisibles. — Des semis. — Description des cépages. 1 vol. in-8° de 222 p.   1.50

—— **Les Raisins de cuve de la Gironde et du Sud-Ouest de la France ;** Détermination des cépages rouges cultivés suivant les contrées. — Détermination des cépages blancs. Description : des cépages noirs de cuve de la Gironde et de la région du Sud-Ouest ; des cépages blancs, des cépages rouges des autres régions de la France essayés dans la Gironde et le Sud-Ouest. — Liste générale des principales espèces et variétés. 1 vol. grand in-4° de 42 pages orné de 16 planches coloriées et de 5 figures noires. . . . . 7. »

Déjernon. — **Les Vignes et les vins de l'Algérie.** Tome Ier. — L'Algérie agricole et viticole ; compte d'un hectare algérien complanté en vignes. — Physiologie de la vigne ; climats, terrains, situation, exposition, engrais et amendements ; moyens de reproduction de la vigne ; monographie de dix-sept cépages et leur façon de se conduire en Algérie. 1 vol. in-8° de 320 pages . . . . . .   5. »
Tome II (*épuisé*).

Dombasle (de). — **Pratique agricole,** culture des plantes, récolte et conservation des produits, etc. (tome III du *Traité d'agriculture*, voir page 4) 1 vol. in-8° de 400 pages. . . . . .   5. »

Doyère. — **Recherches sur l'alucite des céréales** (1852) ; histoire naturelle de l'alucite, origine, nature et étendue de ses ravages, moyens de destruction (2e livraison des *Annales de l'Institut agronomique de Versailles*). In-4° de 146 pages.   2. »

Gasparin (cte de). — **Cours d'agriculture, tomes III et IV :** cultures spéciales, céréales, plantes légumineuses, plantes-racines, tinctoriales, textiles, fourragères, etc. (voir page 3).

Graftiau (Firmin). — **Note sur la production de la graine de betterave à sucre,** 2e éd. brochure in-18 de 48 p.   1. »

L. Grandeau. — **La Forêt et la Disette de fourrage.** *Instruction pratique sur la ramille alimentaire pour la nourriture du bétail.* Règles générales de l'alimentation du bétail. — La Ramille alimentaire : récolte, préparation, conservation, ensilage et utilisation. — Les feuilles de vigne. — Ensilage. — Valeur comparée des ramilles, du foin et de la paille. 1 vol. in-16 de 124 pages avec avant-propos 1.25

Guyot (Jules). — **Culture de la vigne et vinification.** 2e éd. 1 vol. in-18 de 426 pages et 80 grav. 3.50
Principes de la culture de la vigne ; cultures en lignes basses et sur souche, taille, etc ; engrais et amendements ; cépages : façons à donner à la vigne ; création des vignobles, conduite de la vigne depuis sa plantation jusqu'à sa pleine production. — Vinification ; principes généraux, vendanges, égrappage, foulage, pressurage, cuves et cuvaison, soutirage, collage. — Classification des vins : vins rouges, vins rosés, vins de macération, vins artificiels, sucrage des vins, vins de liqueur, vins mousseux, marcs, maladie des vins, dégustation. — Coup d'œil sur la création d'un vendangeoir.

Guyot (Jules). — **Viticulture de la Charente-Inférieure.**
1 vol. in-4° de 60 pages 2.50

——— **Viticulture de l'est de la France.** 1 vol. in-4°. de 204
pages et 46 grav. 3.50

Heuzé (Gust.). — **La Pratique de l'agriculture,** 2 vol. in-18.
Tome Ier. — Les agents de la production, agents atmosphériques,
sol et sous-sol ; les opérations culturales, labours, hersages, roulages,
ploutrage, défrichements ; les applications des engrais ; les semailles.
1 vol. in-18 de 340 pages et 141 fig. 3. 50
Tome II. — Cultures d'entretien, fenaison, moisson, nettoyage et
conservation des produits, organisation et direction du domaine. . 3. 50

—— **Plantes fourragères,** 2 vol. in-18.
Tome Ier. — *Les plantes à racines et à tubercules, et les plantes cultivées pour leurs feuilles* : betteraves, carottes, panais, raves, navets, rutabagas, pommes de terre, topinambours, choux à vaches,
5e édit. 1 vol. in-18 de 324 pag. et 89 fig. 3.50
Tome II. — *Les Prairies artificielles* : luzerne, sainfoin, raygrass,
trèfle, lupuline, vesce, gesse, jarosse, serradelle, moha de Hongrie,
sorgho, maïs, etc., etc. ; fourrages mélangés, feuilles d'arbres, plantes
diverses proposées et non encore acceptées ; météorisation ; calendrier
aide-mémoire. 5e édition. 1 vol. in-18 de 396 pages et 53 figures. . . 3.50

—— **Les Pâturages, les prairies naturelles et les herbages.** 1 vol. in-18 de 872 pag. et 47 fig. 3.50
Pâturages permanents et temporaires, consommation des pâturages.
Classification des prairies naturelles, influence du climat et du terrain, flore des prairies, création, entretien et irrigation des prairies,
fenaison, valeur alimentaire des produits, rendement et défrichement des prairies. Création des herbages, clôtures et abreuvoirs, soins
d'entretien. Usages locaux relatifs à la location des herbages.

—— **Les Plantes industrielles,** 4 vol. in-18. 3e édition.
Tome Ier. — Plantes textiles ou filamenteuses de sparterie, de
vannerie et à carder. 1 vol. in-18 de 364 pages et 50 figures . . . 3.50
Tome II. — Plantes oléagineuses, tinctoriales, saponaires, tannifères
et salifères. 1 vol. in-18 de 432 pages et 69 figures. 3.50
T. III. — Plantes aromatiques, à parfums, à épices et condimentaires. 3.50
T. IV. — Plantes narcotiques, saccharifères, pseudo-alimentaires,
lactifères, résineuses, astringentes, médicinales et funéraires. 3.50

Hooïbrenk. — **Fécondation artificielle des céréales.**
Broch. in-8° de 24 pages. . . . . »·.50

Joulie. — **La Production fourragère** par les engrais ; prairies
et herbages : classification usuelle et composition chimique
des fourrages ; flore des prairies et des herbages, exigences
de la production du foin, valeur alimentaire du foin ; composition des terres de prairies, eaux météoriques et d'irrigation ;
formation, entretien, régénération, défrichement des prairies
et herbages. 1 vol. in-8° de 320 pages on tableaux 3.50

Jullien. — **Topographie en 1866 de tous les vignobles
français et étrangers** : position géographique, genre et
qualité des produits de chaque cru ; lieux où se font les char-
gements et le principal commerce des vins ; nom et capacité
des tonneaux et des mesures en usage, moyens de transport
ordinairement employés. Ouvrage couronné par l'Institut.
1 vol. in-8° de 580 pages. 7.50

La Laurencie (c^{te} de). — **Pratique de plantation et greffage des vignes américaines** (*Bibl. du Cult.*). Ouvrage orné de 26 figures dessinées par l'auteur, in-18 de
180 pages et 31 gravures 1.25

LECOUTEUX. — **Le Blé**, sa culture intensive et extensive, commerce, prix de revient, tarifs et législation des céréales. 1 vol. in-18 de 422 pages et 60 figures 3.50

—— **Le Maïs, et les autres fourrages verts, culture et ensilage** ; les fourrages verts et l'alimentation du bétail, théorie, pratique, conséquences agricoles et économiques de l'ensilage. 1 vol. in-18 de 320 pages et 15 figures. . . .   3.50

LENOIR (B. A.). — **Traité de la culture de la vigne, et de la vinification.** Préceptes généraux de culture, théorie de la fermentation, et application à la fabrication des vins rouges et blancs, des vins de liqueur naturels, artificiels, des vins mousseux; soins à donner aux vins, etc. 1 vol. in-8° de 618 pages et 8 planches. 7.50

MARTIN (Léon). — **Reconstitution des vignobles** par les riparias géants glabres, et les jacquez fructifères : semis, bouturage, greffage, engrais, insecticides. Br. in-8° de 68 pages.   1.50

MOUILLEFERT. — **Les Vignobles et les vins de France et de l'étranger,** territoire, climat et cépages des pays vignobles avec la description, culture et vinification des principaux crus. 1 vol. in-8° de de 560 pages avec 7 cartes coloriées (répartition des vignes dans le monde, régions viticoles de France, cartes des vignobles de la Gironde, des Charentes, du Beaujolais et du Mâconnais, de la Bourgogne, de la Champagne) et 117 fig. . . . .   10. »

La viticulture en France : le Midi, le Bordelais, les Charentes, la Bourgogne, la Champagne, et autres régions de France. — Classification des vins de France. — Vignobles et vins étrangers : Espagne, Baléares, Canaries, Portugal, Madère, Açores; Italie, Suisse, Alsace-Lorraine, Allemagne, Autriche, Hongrie, Serbie et Roumanie, Russie, Grèce, Turquie d'Europe, Bulgarie, Crète, Turquie d'Asie, pays d'Orient, cap de Bonne-Espérance, Australie, Nouvelle-Zélande, Amérique. Classification des vins étrangers.

—— **La Truffe** : histoire naturelle, production, récolte; qualités et emplois. Brochure in-18 de 88 pages et 18 fig. . . . . .   1. »

MUHLBERG ET KRAFT. — **Le Puceron lanigère** : sa nature, les moyens de le découvrir et de le combattre. 1 brochure in-8° de 64 pages avec une planche coloriée, représentant dans tous leurs détails l'insecte et ses ravages. . . . .   2. »

NANOT. — **Culture du pommier à cidre, fabrication du cidre, et modes divers d'utilisation des pommes et des marcs** : généralités; culture dans la pépinière, semis, repiquages, etc. ; culture en plein champ, plantation, soins, maladies; récolte des pommes. — Fabrication du cidre, de l'eau-de-vie et du vinaigre ; cidres mousseux; maladies du cidre. — Conservation des pommes; marmelade, gelée, etc. 1 vol. in-18 de 324 pages et 50 figures 3.50

NICOLLE (F.). — **Les Engrais chimiques et la culture du chanvre.** Br. in-16 de 30 pages. 0.40

OBERLIN (Ch.). — **Effets du Sulfure de carbone** *sur les sols épuisés ou fatigués par la culture,* avec considérations particulières sur le renouvellement des vignes sans jachère ni culture intermédiaire. 1 broch. in-16 de 68 pages 0.60

ODART (Comte). — **Ampélographie universelle** ou Traité des cépages les plus estimés dans tous les vignobles de quelque renom; considérations préliminaires sur le choix des cépages, la variation des espèces, les systèmes de classification;

plan et division de l'ouvrage ; étude des diverses régions. 6ᵉ éd. 1 vol. in-8° de 650 pages. 7.50

PAILLIEUX (A.). — **Le Soya**, sa composition chimique, ses variétés, sa culture, ses usages. 1 vol. grand in-8° de 128 p. 2.50

PATRIGEON (Dʳ G.). — **Le Mildiou**, son histoire naturelle, son traitement, suivi d'une description comparative de l'érinose de la vigne : caractères extérieurs, développement, effets du mildiou ; traitements, bouillie bordelaise, solution simple de sulfate et d'acétate de cuivre, ammoniure de cuivre ; examen comparatif, description, avantages des principaux pulvérisateurs ; l'Érinose, caractères, effets et traitements. 1 vol. in-18 de 216 pages avec 38 fig. et 4 planches coloriées. 3.50

—— **Un Nouveau Parasite** de la vigne, le *lopus albomarginatus* : Description et mœurs du lopus à ses différentes phases, dégâts. 1 brochure in-18 de 92 pages et 12 fig. . . . . . . 1. »

PRUDHOMME PÈRE. — **Guide pratique pour la reconstitution des vignes phylloxérées** : Sulfurage des vignes ; engrais pour les vignes, cépages étrangers. Br. in-18, 28 p. . 1. »

ROBERT (G.). — **Résumé sur les campagnols et les mulots**, ravages, caractères zoologiques ; caractères distinctifs ; mœurs comparées ; Moyens de destruction ; action administrative. 1 Br. in-8°, 56 pages 8 fig. . . . . 1. »

ROYER. — **La Ramie**, utilisation industrielle, culture et récolte prix de revient. Broch. in-18 de 80 pages. . . . . 1. »

SCHAUENBURG. — **Culture du houblon** en France (1886). Broch. in-8° de 84 pages et 4 pages. . . . . 2. »

SOL (Paul). — **Étude pratique sur l'Anthracnose**, instructions sur les procédés suivis pour la guérison du charbon de la vigne. Broch. in-8° de 16 pages . . . . »,60

STEBLER ET SCHRŒTER. — **Les Meilleures Plantes fourragères**, figurées en planches coloriées et décrites d'après les rubriques suivantes :

Dénomination, historique, valeur agricole, description botanique, variétés, habitat, exigences relatives au climat et au sol, engrais, végétation, récolte, mode d'exploitation et rendement, qualités, impuretés et falsifications des semences ; semis ; maladies.

Ce remarquable ouvrage, publié au nom du département fédéral suisse de l'agriculture, renferme l'étude approfondie des trente meilleures plantes fourragères. Chaque plante est en outre figurée en une planche coloriée, d'une exécution très soignée, représentant le port de la plante et sa description botanique complète.

2 beaux vol. grand in-4°, ensemble de 200 pages, avec 30 planches coloriées et de nombreuses figures noires . . . . 12. »

Ces deux volumes ne se vendent pas séparément.

VERMOREL, BARBUT, ETC., ETC. — **Agenda agricole et viticole**, publié chaque année, destiné à inscrire les notes journalières, avec un Recueil des renseignements les plus utiles. Carnet de poche, reliure anglaise, tranches rouges, de 346 p. 2.50

—— **Agenda : Vins et spiritueux**, publié chaque année, destiné à écrire les notes journalières, avec un recueil des renseignements les plus utiles Carnet de poche, reliure anglaise souple, tranches rouges, de 872 pages. 2.75

VIAS. — **Culture de la vigne en chaintres**, plantation, labours, fumure, taille, ébourgeonnement, conduite ; transformation en chaintres des vieilles vignes, rendement, frais de culture (*nouvelle édition en préparation*). 2.50

V. — ANIMAUX DOMESTIQUES.
(*Économie du bétail, races, élevage, maladies, etc.*)

Maison rustique du XIX° siècle, tome II (*voir page* 2).

AUJOLLET. — **La Vache et ses produits**, veau, viande, lait, fumier, travail (*Bibl. du cultiv.*). 1 vol. in-18 de 252 p. et 20 fig.   1.25

BARDONNET DES MARTELS. — **Traité des maniements** ou de l'appréciation des animaux domestiques, des épreuves, et des moyens de contention et de gouverne qu'on emploie sur les espèces chevaline, bovine, ovine et porcine, suivi de la coupe des animaux de boucherie en France et en Angleterre. 1 vol. in-18 de 463 pages et 67 fig.   4.50

BÉNION. — **Traité des maladies du cheval**, notions usuelles de pharmacie et de médecine vétérinaires ; description et traitement des maladies. 1 vol. in-18 de 340 pages et 25 grav.   3.50

BERNARDIN (Léon). — **La Bergerie de Rambouillet et les mérinos**. 1 vol. in-8° de 140 pages   3. »

BONNEVAL (c¹° de). — **Les Haras français**, de 1806 à 1833, production, amélioration, élevage. 1 vol. in-8° de 308 pages   5. »

BORIE (Victor). — **Les Animaux de la ferme, espèce bovine** ; races françaises : flamande, normande, bretonne, parthenaise, charollaise, limousine, comtoise, garonnaise, etc. ; races étrangères : Durham, Hereford, Angus, Schwitz, Fribourg, Hollandaise, etc. 1 très beau vol., grand in-4°, imprimé avec luxe, de 336 pages avec 65 gravures dans le texte et 46 planches coloriées d'après les aquarelles d'Ol. de Penne, représentant tous les types de la race bovine. Cartonné.   85. »
Richement relié, 100 fr.

CORBLIN H. ET R. GOUIN. — **Les Races bovines**, races : françaises, anglaises, belges, hollandaises, danoises, suisses et italiennes. 1 vol. in-8° de 384 pages.   3.50

DAMPIERRE (de). — **Races bovines** (*Bibl. du Cult.*). 2° éd. In-18 de 192 pages et 28 grav.   1.25

DOMBASLE (de). — **Le Bétail** (tome IV du *Traité d'agriculture*, voir page 4). 1 vol. in-8° de 436 pages   5. »

GAYOT. — **Les Chevaux de trait français :** Origines et familles ; trait léger et gros trait ; l'étalon et la jument ; le boulonnais, le percheron, le breton, l'ardennais, le franc-comtois, le poitevin mulassier ; élevage, alimentation, travail. 1 vol. in-18 de 360 pages et 2 fig.   3.50

—— **Mouches et Vers ;** la mouche domestique, la mouche bleue et la mouche dorée ; les moucherons et les terribles, les parasites ; les vers ; ascarides, trichines, tœnias et cysticerques. In-18 de 248 pages et 33 grav.   3.50

—— **Le Léporide et le lapin Saint-Pierre.** Broch. gr. in-8° de 72 pages.   2.50

—— **Achat du cheval**, ou choix raisonné des chevaux d'après leur conformation et leurs aptitudes (*Bibl. du Cult.*). In-18 de 180 pages et 25 grav.   1.25

—— **Poules et Œufs** (*Bibl. du Cult.*). In-18 de 216 p. et 40 gr.   1.25

—— **Lapins, lièvres et léporides** (*Bibl. du Cult.*). In-18 de 180 pages et 15 grav.   1.25

GEOFFROY SAINT-HILAIRE. — **Acclimatation et domestication des animaux utiles.** 4° éd. 1 beau vol. in-8° de 534 pages et 47 grav.   9. »

Grandeau. — **Études expérimentales sur l'alimentation du cheval de trait**, mémoires présentés à la Compagnie générale des voitures à Paris.

> 1er et 2e mémoires. — Historique des expériences sur l'alimentation du cheval. — Plan général des expériences entreprises dans les laboratoires de la Compagnie générale des voitures. — Description des laboratoires, du manège et des stalles d'expériences. — Méthodes suivies. — Travail au pas. — Travail au trot. — Rations et coefficients de digestibilité. — Camionnage. — Variations du poids des chevaux. — Valeur dynamique des aliments. 1 fort vol. in-4º de 203 pages ou tableaux avec figures et 18 planches in-folio hors texte. . . . . 25. »
>
> 3e mémoire. — Expériences d'alimentation au foin, expériences au pas, au trot, avec la voiture; discussion des résultats. 1 vol. gr. in-8º de 118 pages et 11 planches hors texte 7.50
>
> 4e mémoire. — Expériences d'alimentation avec l'avoine et avec un mélange de paille et d'avoine. 1 vol. gr. in-8º de 130 pages ou tableaux. 5. »
>
> 5e mémoire. — Expériences d'alimentation avec le maïs. 1 vol. gr. in-8º de 180 pages ou tableaux . . . . 6. »
>
> 6e mémoire. — Expériences d'alimentation avec un mélange de féverole et de paille d'avoine . . . . 4. »

Grollier. — **Les Tribus du Durham français** : origine, histoire, mérite. 1 vol. in-18 oblong, cartonné de 192 pages. . . 10. »

Hays (Charles du). — **Le Merlerault**, ses herbages, ses éleveurs, ses chevaux. 1 vol. in-18 de 182 pages. . . . . 3. »

—— **Le Cheval percheron** (*Bibl. du Cult.*). In-18 de 176 pages. 1.25

Heuzé (Gustave). — **Le Porc**, historique, caractères, races; élevage et engraissement; abatage et utilisation, études économiques; 2e éd. 1 vol. in-18 de 322 pages et 50 grav. 3.50

Huart du Plessis. — **La Chèvre** (*Bibl. du Cult.*). In-18 de 164 pages et 42 grav. 1.25

Jacque (Ch.). — **Le Poulailler**, monographie des poules indigènes et exotiques, 6e éd. texte et dessins par Jacque. In-18, 360 pages et 117 grav. 3.50

Le Conte (J.). — **Traité pratique de l'élevage des veaux.**

> *La mère :* Gestation. — Vêlage. — Hygiène et maladie de la vache après le vêlage.
>
> *Le veau :* Hygiène de l'élevage. — Premiers soins à donner aux veaux. — Allaitement naturel, mixte et artificiel. — Sevrage. — Choix des veaux d'élevage. — Engraissement. — Maladies. — Castration.
>
> Exemples pratiques d'élevage en France et à l'étranger et d'engraissement des veaux. 1 vol. in-18 de 180 pages et 9 fig. 1 25

Lefour. — **Animaux domestiques**, zootechnie générale (*Bibl. du Cult.*), In-18 de 154 pages et 33 grav. 1.25

—— **Cheval, Ane et Mulet** (*Bibl. du Cult.*). In-18 de 180 pages et 136 grav. 1.25

Léouzon. — **Manuel de la porcherie** (*Bibl. du Cult.*). In-18 de 168 pages et 38 grav. 1.25

—— **La Race Durham laitière.** In-8º de 68 pages et 1 grav. 1.50

Le Pelletier. — **Manuel des vices rédhibitoires des animaux domestiques**, commentaire théorique et pratique de la loi du 2 août 1884, avec un *formulaire complet de tous actes et formalités*, comprenant en outre les règles à suivre. 2e édition. 1 vol. in-18 de 356 pages. 3.50

Leroy. — **Aviculture** : outillage spécial; éclosion; animaux nuisibles; reproduction en volière, hygiène des volières; repeuplement des chasses; faisans, perdrix, cailles, etc., etc. 1 vol. in-18 de 422 pages et 51 fig. . . . . 3. »

LEROY. — **La Poule pratique**, par un praticien : races de parquet, races de ferme ; hygiène et nourriture des poules ; exploitation de la volaille, couveuses naturelles et artificielles, incubation, éclosion, élevage. 1 vol. in-18 de 320 pages et 57 fig. . . . . 3. »

MAGNE. — **Choix des vaches laitières** (*Bibl. du Cult.*). In-18 de 144 pages et 39 grav. 1.25

MALÉZIEUX. — **Manuel de la fille de basse-cour**, contenant des instructions pour élever, nourrir, engraisser et soigner tous les animaux de la basse-cour, poules, dindons, pintades, oies, canards, pigeons, lapins, vaches et cochons. 1 vol. in-18 de 332 pages, avec 39 fig. . . . . 3. »

MILLET-ROBINET (Mme). — **Basse-cour, Pigeons et Lapins** (*Bibl. du Cult.*). In-18 de 180 pages et 26 grav. 1.25

PELLETAN. — **Pigeons, Dindons, Oies et Canards** (*Bibl. du Cult.*). 1 vol. in-18 de 180 pages et 20 grav. 1.25

ROCHE (Ed.). — **Les Martyrs du travail, le cheval, l'âne, le mulet et le bœuf**, notions de médecine vétérinaire ; protection et conservation ; conseils au charretier et à l'agriculteur. — **Maladies du mouton, de la chèvre, du lapin, du chien, du chat, et des oiseaux.** — **Étude générale des amis et ennemis de l'homme, quadrupèdes, mammifères, oiseaux,** etc. 1 vol. in-18 de 360 pages orné de 224 figures. . . . . . 2. »

ROSSIGNOL (H.) ET DECHAMBRE (P.). — **Éléments d'hygiène et de zootechnie à l'usage des écoles pratiques d'agriculture.** 2 v. in-18, ensemble 738 pag et 154 fig. . 7. »

TOME Ier — *Anatomie et physiologie :* Classification zoologique des animaux domestiques. — Myologie de l'appareil de la locomotion. — Appareils de la digestion, de la respiration, de la circulation, etc. — *Extérieur des animaux domestiques :* Tête. — Le tronc, — Les membres. — Robes et signalement. — Age. — Aptitudes et choix des animaux. — *Hygiène :* Utilisation des animaux moteurs. — Alimentation. — Entretien des fonctions cutanées. — Ferrure et entretien du pied. — *Zootechnie générale :* Modes et lois de l'hérédité. — Origine des espèces. — Méthodes de reproduction, de gymnastique, d'exploitation, d'encouragement.

TOME II. — *Les Équidés :* Les Equidés sauvages, domestiques. — Races chevalines, cumétriques, hypermétriques, ellipométriques ; populations métisses. — Les règles et la pratique de la reproduction.—Élevage des jeunes. — *Les Bovins.* — Les Bovins sauvages, domestiqu. Races bovines : cumétriques, ellipométriques, hypermétriques, populations métisses. — Les règles et la pratique de la reproduction. — Élevage des jeunes. — *Les moutons :* Les ovins sauvages. Origine du mouton domestique.—Race ovines : ellipométriques ; cumétriques, hypermétriques.— Population métisses. — *Les chèvres. — Les règles et la pratique de la reproduction.* — Elevage des jeunes. — Gestion du troupeau.— *Les porcs :* Les porcins sauvages. Classification des porcins domestiques.— Les règles et la pratique de la reproduction. —Engraissement du porc. *Animaux de basse-cour :* Les poules. — Le pigeon. — Le dindon. — Le canard et l'oie. — Le lapin. — Le dromadaire et l'autruche. Chaque vol. se vend séparément 3.50

ROULLIER-ARNOULT. — **Instructions pratiques sur l'incubation et l'élevage artificiels des volailles,** poules, dindons, oies et canards (*Bibl. du Cult.*). 4 édition. 1 vol. in-18 de 172 pages et 49 figures. 1.25

★★★★

Sanson (André). — Traité de zootechnie, ou Économie du bétail, nouv. éd. 5 v. in-18, ensemble de 2,016 p. et 236 gr. 17.50

> Tome Ier. — Objet de la zootechnie; fonctions physiologiques et économiques du bétail; appareils de la locomotion, de la digestion, de la respiration, de la circulation, de la dépuration urinaire, de l'innervation, des sens, et de la génération.
>
> Tome II. — Lois de l'hérédité, de la classification zoologique, de l'extension des races; méthodes de reproduction, de gymnastique fonctionnelle, d'exploitation, d'encouragement, de classification.
>
> Tome III. — Fonctions économiques des équidés; races chevalines brachycéphales et dolichocéphales; populations métisses; races asines; mulets et bardots; production des équidés; institutions hippiques; production et exploitation de la force motrice.
>
> Tome IV. — Fonctions économiques des bovidés; races bovines dolichocéphales et brachycéphales; populations métisses; production des jeunes bovidés; production du lait, de la force motrice et de la viande.
>
> Tome V. — Fonctions économiques des ovidés; races ovines brachycéphales et dolichocéphales; races caprines; production des jeunes ovidés; production du lait et de la viande. — Races porcines; production des jeunes suidés; production de la chair de porc.

Chaque volume se vend séparément. 3.50

—— **Alimentation raisonnée** des animaux moteurs et comestibles : digestion, aliments, boissons ; alimentation des bovidés, équidés, ovidés, suidés ; tables de la composition chimique des aliments. (*Bibl. du Cult.*). 1 vol. in-18 de 180 pages ou tableaux et 3 fig. 1.25

—— **Notions usuelles de médecine vétérinaire** (*Bibl. du Cult.*). In-18 de 174 pages et 13 grav. 1.25

—— **Les Moutons** (*Bibl. du Cult.*). In-18 de 168 p. et 56 grav. 1.25

—— **La Maréchalerie,** ou ferrure des animaux domestiques (*Bibl. du Cult.*). In-18 de 164 pages et 34 fig. 1.25

Serres (E.). — Guide hygiénique et chirurgical pour la castration et le bistournage du cheval, du taureau, de la vache, du bélier, du verrat, etc., etc. 1 vol. in-18 de 560 pages et 20 figures. 3.50

Simonoff (L. de) et J. de Moerder. — Les Races chevalines avec une étude spéciale *sur les chevaux russes* :

> *Le cheval en général et l'origine du cheval domestique,* type occidental, type oriental, produits du croisement.
>
> *Les chevaux russes.* Les chevaux sauvages et demi-sauvages. — Les chevaux du types rustique. Les chevaux de haras : trotteurs, chevaux de selle, chevaux de gros trait.
>
> *Les chevaux anglais :* Origine. — Le pur sang anglais. — Chevaux de gros trait. — Les races primitives de la Grande-Bretagne.
>
> *Les chevaux français :* Origine; les pur sang en France; les chevaux de trait : boulonnais, percherons, etc. — Les chevaux de selle et de trait léger : landais, camargues etc. — Les anglo-normands. — Les trotteurs français.
>
> *Les chevaux allemands :* Origine; les chevaux est-prussiens, hanovriens, oldenbourgeois.
>
> *Les chevaux austro-hongrois :* Origine; les haras et les dépôts d'étalons; état actuel de l'élevage.
>
> *Les chevaux des autres pays de l'Europe :* Les chevaux suédois et norvégiens, belges, hollandais, danois, italiens, espagnols, suisses; les chevaux de la péninsule balkanique.
>
> *Les chevaux de l'Amérique et de l'Australie :* Les chevaux des États-Unis (ambleurs, trotteurs, gros trait); les chevaux canadiens; les chevaux australiens.

Ouvrage précédé d'une lettre du général baron *Faverot de Kerbrech*, inspecteur général permanent des remontes en France. Orné de 32 planches en chromolithographie d'après les aquarelles de M. Samokisch et de M. Bounine. Et de 70 photogravures d'après les dessins de M. Samokisch. Un vol. in-4° de 332 pages, broché . . . . 32 fr.

Rel. demi-chag. plats toile genre amateur avec fers spéciaux 38. »

Teisserenc de Bort (Edmond). — **Considérations sur la pureté et les qualités de la race bovine du Limousin.** Broch. in-8° de 28 pages et 5 fig. D.50

Vial (A. A.). — **Connaissance pratique du cheval**, traité d'hippologie à l'usage des sportsmen, officiers de cavalerie, vétérinaires, marchands de chevaux, éleveurs, cultivateurs, etc. 4° édition. 1 vol. in-18 de 372 pages et 72 fig. 3.50

Vial. — **Engraissement du bœuf** (*Bibl. du Cult.*). In-18 de 180 pages et 12 grav. 1.25

Villeroy. — **Manuel de l'éleveur de bêtes à cornes** (*Bibl. du Cult*) . In-18 de 308 pages et 65 grav. 1.25

VI. — INDUSTRIES AGRICOLES.

(Abeilles et vers à soie; vins, cidre et boissons diverses; laiterie; arts agricoles divers.)

Maison rustique du XIX° siècle, tome III (*voir page 3*).

Anderson, Chaptal, etc. — **L'Art de faire le beurre et les meilleurs fromages** (1875), par Anderson, Desmarets, Chaptal, etc. (3° édition). Manière de préparer le lait et la crème, de faire le beurre, de le saler, de le colorer et de le conserver; et de fabriquer toutes espèces de fromages. 1 vol. in-8°, 360 pages et 10 planches. 4.50

Bertrand. — **Conduite du rucher** calendrier de l'apiculteur mobiliste : reines, ouvrières, mâles, pondeuses; maladies des abeilles; essaimage, récolte du miel; animaux nuisibles, outillage de l'apiculteur; ruches et ruchers; hydromel, eau-de-vie et vinaigre de miel. 8° édit. 1 vol. in-16 de 300 p., 84 fig. et 1 pl. 2.50

—— La **Fausse-teigne** ou teigne des ruchers; description et moyens de la combattre, ouvrage de A. de Rauschenfels, traduit par Ed. Bertrand. Une brochure in-16 de 32 pages. 0.60

—— La **Ruche Dadant modifiée**, description et construction avec 17 figures. 1 brochure de 32 pages 0.60

Bisseuil (A.). — **Les Bouilleurs de cru**; 2° édition faite après le dépôt (16 mai 1895) du dernier projet de la commission du budjet sur la réforme des boissons. 1 br. in-8° de 46 pages. 1. »

Boissy (l'abbé). — **Le Livre des abeilles**, ou manuel d'apiculture : reines, ouvrières, pondeuses, bourdons; multiplication des abeilles, essaimage; maladies des abeilles, remèdes; animaux nuisibles; ruches et ruchers, miellée; calendrier apicole. 5° édit. 1 vol. in-18 de 312 pages et 6 planches hors texte. 2.50

Boullenois (de). — **Conseils aux nouveaux éducateurs de vers à soie**; observations préliminaires sur l'industrie de la soie; mûriers; plantation, taille, culture; de la magnanerie, mobilier et installation; des vers à soie, éducation, maladies; filature des cocons. 3° édit. In-8° de 248 pages. . 8.50

Brunel (L.) et B. Poussier. — **Étude sur le fromage de Géromé.** 1 vol. in-18 de 130 pages avec 40 fig. et 2 pl. . 2. »

COLBERT-LAPLACE (Comte de). — **Examen critique des accusations portées contre les bouilleurs de cru,** et des propositions législatives qui les concernent. 1 broch. in-8° de 56 pages. . . . . 1. »

DEROSNE. — **Exposé sommaire de l'apiculture mobiliste;** description et emploi de la ruche-album; récolte du miel, outillage de l'apiculteur. 1 vol. in-18 de 180 pages et 3 pl. et supplément . . . . 2. »

DURIER. — **Étude sur la flacherie.** Broch. gr. in-8° de 32 pages. 1. »

FIGUIER (Louis). — **Le Raffinage du sucre en fabrique et ses nouveaux procédés** : procédé général; procédés par la strontiane et l'ébullition; procédé par l'osmose. Broch. de 60 pages gr. in-8° avec 8 fig. . . . . 2. »

GIRARD (Maurice). — **Les Insectes utiles, abeilles et vers à soie,** à l'exposition de 1867. In-8° de 39 pages. 1,50

GIVELET (Henri). — **L'Ailante et son bombyx;** culture de l'ailante, éducation de son bombyx et valeur de la soie qu'on en tire. 1 vol. grand in-8° de 164 pages et 19 planches. . 5. »

GUYOT (Jules). — **Culture de la vigne et vinification.** 2ᵉ éd. 1 vol. in-18 de 426 pages et 30 grav 3.50
> Principes de la culture de la vigne; culture en lignes basses et sur souche, taille, etc; engrais et amendements; cépages : façons à donner à la vigne; création des vignobles conduite de la vigne depuis sa plantation jusqu'à sa pleine production. — Vinification; principes généraux, vendanges, égrappage, foulage, pressurage, cuves et cuvaison, soutirage, collage. — Classification des vins : vins rouges, vins rosés, vins de macération, vins artificiels, sucrage des vins, vins de liqueur, vins mousseux, marcs, maladies des vins, dégustation. — Coup d'œil sur la création d'un vendangeoir.

LANGSTROTH. — **L'Abeille et la Ruche,** ouvrage traduit, revu et complété par Ch. Dadant. 1 fort vol. in-16 de 646 pages orné de 183 fig., richement cartonné. 7.50

MARTIN (DE). — **Rapports sur l'œnotherme Terrel des chênes et sur les chaudières à échauder la vigne.** Broch. in-8° de 24 pages avec deux planches. . . . 1,50

NANOT. — **Culture du pommier à cidre, fabrication du cidre et modes divers d'utilisation des pommes et des marcs.** (Voir page 17.) 1 vol. in-18 de 324 pages et 50 figures. 3.50

NANOT (J.) ET TRITSCHLER (L.). — **Traité pratique du séchage des fruits et des légumes.** 1 vol. in-18 de 300 pages avec préface et 27 figures 3.50
> La culture fruitière en France, en Allemagne, en Autriche, au Canada etc. La dessiccation des fruits; production et consommation des fruits en France; importations et exportations. — Considérations générales sur la dessiccation : les différents systèmes employés pour conserver les fruits; la dessiccation, ses avantages, etc. — Appareils servant à sécher les fruits. — Dessiccation des pommes, des poires, des pêches, des abricots, des prunes, des cerises, du raisin, des figues, des châtaignes, des légumes.

PERSONNAT. — **Le Ver à soie du chêne** (bombyx Yama-maï), son histoire, sa description, ses mœurs, ses produits. 4ᵉ éd. In-8° de 132 pages, 2 grav. noires, et 8 planches coloriées. 8. »

POURIAU. — **La Laiterie,** art de traiter le lait, de fabriquer le beurre et les principaux fromages français et étrangers, 5ᵉ édit. 1 vol. in-18 de 908 pages, 423 figures et 4 planches. 7,50

SAGOT ET DELÉPINE. — **Les Abeilles** (*Bibl. du Cultiv.*), leur histoire, leur culture avec la ruche à cadres et greniers mobiles :

notions sur les abeilles, description et fabrication de la ruche, manière de s'en servir habilement ; calendrier apicole indiquant ce qu'il faut faire mois par mois ; matériel de l'apiculteur, législation. 1 vol. in-18 de 180 pages et 15 fig. 1.25

SÉGUIN-BOLLAND. — **Soins à donner aux vins fins de la Côte-d'Or,** depuis la vendange jusqu'à leur mise en consommation. Broch. gr. in-8° de 20 pages et 7 grav. . . . . 1. »

SOURBÉ. — **Traité théorique et pratique d'apiculture mobiliste.** (Nouvelle édition en préparation.)

TOUAILLON (fils). — **La Meunerie, la boulangerie, la biscuiterie et les autres industries agricoles alimentaires** : vermicellerie, amidonnerie, décortication des légumineuses, féculerie, glucoserie, rizerie, huilerie, chocolaterie, conserves alimentaires, margarine et moutarde avec un chapitre sur le broyage des engrais. 1 vol. in-8° de 504 p. 7. »

VII. — GÉNIE RURAL. — DRAINAGE, IRRIGATIONS. — MACHINES ET CONSTRUCTIONS AGRICOLES.

Maison rustique du XIXe siècle, tomes Ier et IV (*voir page* 3).

AUBERJONOIS. — **Les Constructions agricoles du domaine de Beau-Cèdre,** album de 35 planches in-plano représentant le plan général et les plans, coupes et élévations des constructions du domaine, hangars, bâtiments avec détails, écuries et remises, vacherie, porcherie, laiterie, basse-cour, forge, buanderie, four, etc., avec notice explicative de 30 pages. . 20. »

BARRAL. — **Drainage des terres arables.** 3e éd. 2 vol. in-18 ensemble de 960 pages, 443 grav. et 9 planches . . . . . 7. »

> TOME Ier. — Histoire du drainage. — Drainage sans tuyaux. — Des terres drainables. — Fabrication des tuyaux de drainage : choix des matériaux, préparation des terres, formes à donner aux tuyaux, étirage des tuyaux. — Description des machines à étirer les tuyaux. — Fabrication des tuiles, briques ordinaires et briques creuses. — Fours à cuire; cuisson.
>
> TOME II. — Exécution du drainage : levé du plan des terres à drainer, nivellement, exemples de drainage; saisons convenables pour l'exécution; tracé des drains, formes des tranchées; outils de drainage; ouverture des tranchées, règlement des pentes, pose des tuyaux et remplissage des tranchées. — Statistique du drainage. — Encouragement au drainage.

—— **Législation du drainage, des irrigations et autres améliorations foncières permanentes.** 1 vol. in-18 de 664 pages, avec 18 grav. et 1 planche . . . . 7. »

> Situation par département, du drainage en France. — Du drainage dans les colonies. — Du drainage en Belgique, dans la Grande-Bretagne, en Suisse, en Italie, en Allemagne, en Danemark, en Russie, aux États-Unis. — Législation anglaise sur le drainage et les autres améliorations agricoles permanentes. — Législation belge, allemande. — Législation française : lois, arrêtés et circulaires relatives au drainage.

BERTIN. — **Des Chemins vicinaux** (1858). In-8° de 111 pages. 1. »

—— **Code des irrigations** (1852). 1 vol. in-8° de 182 pages. . 3. »

BOUCHARD-HUZARD. — **Traité des constructions rurales.** Épuisé (*une nouvelle édition, entièrement refondue, est en préparation*).

DUMUR ET CUGNET. — **Les Bâtiments agricoles;** conditions générales qu'ils doivent remplir; locaux divers considérés dans leurs détails; plans et devis de bâtiments d'exploitation pour une propriété de 20 hectares. *Mémoires cou-*

ronnés par la *Société d'agriculture de Lausanne*. 1 vol. in-8° de 232 pages avec un atlas de 115 figures donnant, à l'échelle, les plans, coupes et élévations des bâtiments et des détails . . . 10. »

Duplessis. — **Traité de nivellement**, comprenant les principes généraux, la description et l'usage des instruments, les opérations et les applications. 1 vol. gr. in-8° de 364 p. et 112 fig. 8. »

—— **Traité du levé des plans et de l'arpentage**. 2ᵉ éd. 1 vol. in-8° de 136 pages et 102 figures. . . . . . 4. »

Gasparin (comte de). — **Cours d'agriculture, tomes II, III et VI**, constructions rurales, mécanique agricole, machines, etc. (voir page 4).

Grandvoinnet (J. A.). — **Traité élémentaire des constructions rurales** (*Bibl. du Cult.*) : Principes généraux de construction : terrassement, maçonnerie, charpenterie, couverture, menuiserie, serrurerie, plomberie, peinture et vitrerie. — Bâtiments ruraux : habitations, écuries, bouveries, bergeries, porcheries, poulaillers, granges, fenils, greniers, laiteries, etc. 2 vol. in-18 ensemble de 308 pag. et 306 fig. 2,50

—— **Les Bergeries** ; considérations générales sur les habitations du mouton ; parcs temporaires ou mobiles ; parcs permanents ou refuges ; abris plantés ; bergeries couvertes, conditions d'établissement, détails de constructions, dispositions d'ensemble ; matériel meublant. 1 vol. in-18 de 314 pages et 169 fig. . 5. »

Lefour. — **Culture générale et instruments aratoires** (*Bibl. du Cultiv.*). In-18 de 174 pages et 135 grav. 1.25

—— **Comptabilité et géométrie agricoles** (*Bibl. du Cult.*). In-18 de 214 pages et 104 gravures 1.25

Pignant (P.). — **Principes d'assainissement des habitations** des villes et de la banlieue ; travaux divers d'assainissement, épuration et utilisation agricole des eaux d'égout. 1 vol. gr. in-8° de 528 pages avec atlas de 36 pl. in-folio. 30. »

Ringelmann (Maximilien). — **L'Électricité dans la ferme** ; notions préliminaires ; production de l'énergie électrique ; la ligne électrique ; l'éclairage électrique ; transmission de la puissance ; emmagasinement de l'énergie électrique ; résumé et conclusions. Broch. gr. in-8° de 64 pages avec 60 figures. 3. »

—— **Machines et ateliers de préparation des aliments du bétail**. 1 volume in-8° de 132 pages et 120 figures. . 3.50.

Les Brise-Tourteaux : Du broyage, description, travail et prix de revient du travail des brise-tourteaux. — De la cuisson des aliments du bétail ; combustibles et condition de combustion ; Description des appareils à cuire ; données pratiques. — Des appareils à chauffer l'eau : Des soupes ; appareils à chauffer l'eau ; chauffeurs d'eau américains. — Du broyage des tubercules ; description des broyeurs de tubercules. — Ateliers mus : par un manége ; par un moteur à vapeur ou à pétrole, par un moulin à vent, par un moteur électrique.

Vidalin (F.). — **Pratique des irrigations** en France et en Algérie (*Bibl. du Cult.*). In-18 de 180 pages et 22 grav. . . . 1.25

VIII. — BOTANIQUE. — HORTICULTURE.

Maison rustique du XIXᵉ siècle, tome V (*voir page* 3).

Almanach du jardinier, publié chaque année comprenant les nouveautés horticoles. 192 pages in-32 avec gravures. . »,50

Le Bon Jardinier, almanach horticole pour 1896 (138ᵉ édition) par Poiteau, Vilmorin, Decaisne, Naudin, Neumann,

Pepin, Carrière, Heuzé, etc. — *Ouvrage couronné par la Société nationale d'horticulture de France.*

1re *partie.* — Calendrier du jardinier, ou indication mois par mois des travaux à faire dans les jardins. Aide-mémoire, et vocabulaire des principaux termes de jardinage et de botanique. — Principes généraux de culture : notions de botanique et de physiologie végétale, chimie et physique horticoles, climats ; abris pour la conservation des plantes, outils, façons du sol ; multiplication des plantes, semis, marcottes, boutures, greffes ; taille des arbres, maladies des plantes et insectes nuisibles. — Arbres fruitiers : des jardins fruitiers et du verger ; description et culture des meilleures sortes de fruits. — Plantes potagères, description et culture. — Propriétés et culture des principales plantes médicinales. — Grande culture : plantes à fourrage, céréales et plantes économiques.

2e *partie : Plantes et arbres d'ornement.* — Caractères des familles naturelles. — Description et culture des plantes et arbres d'ornement de pleine terre et de serre, classés par ordre alphabétique. — Les listes des variétés recommandées ont été revues avec le plus grand soin ; variétés anciennes les plus méritantes, et variétés nouvelles. — Classement des végétaux de pleine terre suivant leur emploi dans les jardins. — Création et entretien des gazons.

(La 1re édition du *Bon Jardinier* remonte à 1754 : une édition nouvelle a été publiée régulièrement chaque année depuis 1755, à cinq exceptions près : 1815, 1871, 1888, 1892 et 1893.

Un vol. in-18 de 1700 pages . . . . 7. »
Cartonné, 8 fr. — Cartonné en 2 vol., 9 fr.

Gravures du Bon Jardinier. (*La 24e édition, qui sera entièrement refondue, est en préparation.*)

Amé (G.). — **Le Jardin d'essai du Hamma** à Mustapha près d'Alger, description des familles, groupes et genres les mieux représentés au jardin, brochure in-8° de 64 pages et 7 pl. . 2. »

André (Ed.).— **L'Art des jardins**, traité général de la composition des parcs et jardins : Historique depuis l'antiquité ; Jardins paysagers ; esthétique. Principes généraux ; division et classifications ; la pratique ; travaux d'exécution ; exemples de parcs et jardins classés suivant leur destination ; constructions et accessoires d'utilité et d'ornement. 1 vol. gr. in-8° de 900 pages, avec 11 pl. en chromolith. et 500 fig. Cartonné toile tranches jaspées, ... 35. »

—— **Bromeliaceæ Andreanæ**, description et histoire des Broméliacées récoltées dans la Colombie, l'Ecuador et le Venezuela, par Ed. André ; 143 espèces et variétés, dont 91 nouvelles. 1 vol. gr. in-4° de 130 pages, illustré de 39 planches figurant toutes les espèces nouvelles . . . . 25. »

—— **L'École nationale d'Horticulture de Versailles**, broch. gr. in-8° de 64 pag., ornée d'un plan colorié et 12 fig. 2. »

Audot. — **Traité de la composition et de l'ornementation des jardins.** 6e éd. représentant en plus de 600 fig. des plans de jardins, modèles de décoration, machines pour élever les eaux, etc. 2 vol. in-4° oblong avec 168 planches gravées. 25. »

Baltet (Ch.). — **L'Art de greffer** arbres et arbustes fruitiers, arbres forestiers et d'ornement, reconstitution du vignoble, 5e édition, augmentée de la greffe des végétaux exotiques et des plantes herbacées. Définition, but, et conditions de succès du greffage. — Outils, ligatures, engluements. — Choix des sujets et des greffons. — Procédés de greffage. — Liste par ordre alphabétique des arbres, arbrisseaux et arbustes, avec indication du mode de greffage à appliquer à chacun d'eux. 5° édit. 1 vol. in-18 de 504 p. et 192 fig. 4. »

BALTET (Ch.). — **Traité de la culture fruitière**, commerciale et bourgeoise : Fruits de dessert, de cuisine, de pressoir, de séchage, de confiserie, de distillation; choix des meilleurs fruits pour chaque saison ; plantations de vergers et de jardins fruitiers ; taille et entretien des arbres; animaux nuisibles et maladies; récolte des fruits, leur emballage et leur emploi. 2e éd. 1 vol. in-18 de 640 pages et 350 fig. . . . . 6. »

—— **De l'action du froid sur les végétaux** pendant l'hiver 1879-1880, ses effets dans les jardins, pépinières, parcs, forêts et vignes. 1 vol. in-8° de 340 pages. . . . . . . 5. »

—— **L'Horticulture dans les cinq parties du Monde.** Horticulture d'enseignement; Horticulture de produit; Horticulture d'agrément.

L'auteur, en prenant pour type la France qui, naturellement, a été l'objet de plus longs développements que les autres pays, a successivement étudié : l'action du gouvernement; les écoles d'horticulture et sociétés horticoles; les conférences et cours publics; les jardins botaniques et d'études; les cultures maraîchères et fruitières; la production des fleurs et des plantes d'ornement; les établissements horticoles et l'art du jardinier ; les journaux horticoles et ouvrages publiés sur l'horticulture.

Tous ces sujets ne sont pas traités dans les notices relatives aux autres pays, mais le texte rappelle, autant que possible, cet ordre de distribution et d'horticulture est examinée dans 77 pays des cinq parties du monde.

1 vol. grand in-8° de 800 pages . . . . 15. »

—— **L'Horticulture française**, ses progrès et ses conquêtes depuis 1789, conférences de l'exposition universelle internationale de 1889; broch. in-8° de 64 pages. 3.50
— Le même de 157 pages et 110 dessins, plans etc. . . 5. »

BELLAIR (G.). — **Traité d'Horticulture pratique.** Culture maraichère ; le marais et le potager, légumes racines, légumes herbacés, légumes fruits, légumes condiments ; arboriculture fruitière, de la taille en général; cultures spéciales, poirier, pommier, pêcher, etc., etc. Animaux nuisibles et maladies ; multiplication des végétaux; floriculture; arbres et arbustes d'ornement. 1 vol. in-18 de 750 pages et 340 fig. . . . . 6. »

BONCENNE.—**Cours élémentaire d'horticulture** (*Bibl. des écoles primaires*). 2 vol. in-12 ensemble de 310 pages et 85 grav. . 1.50

BUTRET (Baron de). — **Taille raisonnée des arbres fruitiers** et autres opérations relatives à leur culture (1873), 21e éd. augmentée des différentes espèces de greffes et de la conservation des fruits. 1 vol. in-18 de 148 pages avec 4 pl. 2. »

CARRIÈRE. — **Encyclopédie horticole**; vocabulaire raisonné de tous les termes employés en botanique et en horticulture 1 vol. in-18 de 550 pages. 3.50

—— **Semis et mise à fruit des arbres fruitiers** (*Bibl. du Jard.*). 1 vol. in-18 de 158 pages. 1.25

—— **Pommiers microcarpes ou pommiers d'ornement,** à fleurs doubles, de la Chine, baccifères, de Sibérie, etc. (*Bibl. du Jard.*) 1 vol. in-18 de 180 pages et 18 figures . . 1.25

—— **Les Pépinières** (*Bibl. du Jard.*). In-18 de 134 p. et 29 grav. 1.25

—— **Production et fixation des variétés dans les végétaux.** 1 vol. in-8° de 72 pages avec 13 grav. et 2 pl. col. . 2. »

CARRIÈRE. — **Variétés de pêchers et de brugnonniers,** description et classification. Grand in-8° de 104 pages et 1 planche. 2. »

—— **Du sulfatage horticole et industriel,** 1 vol. in-18 de 104 pages. 1.25

DECAISNE ET NAUDIN. — **Manuel de l'amateur des jardins,** traité général d'horticulture. 4 vol. petit in-8° ensemble de plus de 3.000 pages, comprenant plus de 800 fig. . . . . . 30. »
Chaque volume se vend séparément 7.50

DELCHEVALERIE. — **Les Orchidées,** culture, propagation, nomenclature (*Bibl. du Jard.*). In-18 de 134 pages et 32 grav.. . 1.25

—— **Plantes de serre chaude et tempérée ;** construction des serres, culture, multiplication, etc. (*Bibl. du Jard.*). In-18 de 156 pages et 9 grav. 1.25

DUPUIS. — **Arbrisseaux et Arbustes d'ornement de pleine terre** (*Bibl. du Jard.*). In-18 de 122 pages et 25 grav. . . 1.25

—— **Arbres d'ornement de pleine terre** (*Bibl. du Jard.*). In-18 de 162 pages et 40 grav. 1.25

—— **Conifères de pleine terre** (*Bibl. du Jard.*). In-18 de 156 pages et 47 grav. 1.25

DUVILLERS. — **Parcs et Jardins,** ouvrage récompensé de 21 médailles ou diplômes, 2 vol. grand in-folio, sur beau papier, ensemble de 160 pag. de texte avec 80 planches imprimées avec luxe représentant les plans de squares et jardins publics, de parcs particuliers, jardins paysagers, fruitiers, potagers, écoles pratiques, etc.
Prix des 2 vol. avec pl. en noir 200; en couleur. . . 260. »
Chaque partie, comprenant 80 pag. de texte et 40 pl. se vend séparément; avec pl. en noir 100; en couleur . . . . 130. »

DYBOWSKI. — **Traité de la culture potagère,** petite et grande culture; procédés employés par les spécialistes. 2e éd. entièrement revue, avec quelques notes concernant la culture des légumes dans les colonies françaises 1. v. in-18 de 472 p. et 115 fig. 5. »

ECORCHARD (Dr).— **Nouvelle Théorie élémentaire de la botanique,** suivie d'une analyse des familles des plantes qui croissent en France, ou y sont cultivées, et d'un dictionnaire des termes de botanique. 1 vol. in-18 de 520 p. et 210 grav. . 6. »

FORNEY. — **La Taille des arbres fruitiers,** avec une étude sur les bons fruits. Nouvelle édition entièrement refondue.
Tome Ier. — Principes généraux, étude de l'arbre, multiplication, plantation, taille; le poirier et le pommier : conduite des productions fruitières, charpente et formes, restauration, maladies et insectes nuisibles; choix des poires et des pommes; les arbres du verger. 1 vol. in-18 de 320 pages et 169 figures dessinées par l'auteur. 3.50
Tome II. — Le pêcher, taille, restauration, maladies et insectes, choix des pêches ; — l'abricotier, le prunier, le cerisier; — la vigne, taille, formes pour le vignoble, formes pour l'espalier, treille à la Thomery; maladies et insectes; choix des meilleures variétés; — le figuier, le framboisier, le groseiller ; — les espèces non soumises à une taille régulière ; amandier, cognassier, néflier, noyer, noisetier; récolte et conservation des fruits, 1 vol. in-18 de 360 pages et 183 fig. 3.50

—— **Taille et Culture du Rosier** *suivies de la Taille des arbustes d'agrément et de l'oranger.* 1 v. in-18 de 216 p. 49 fig. 2. »

HARDY. — **Traité de la taille des arbres fruitiers,** 10e éd. 1 vol. grand in-8° de 436 pages et 140 figures. 5.50
Notions sur le développement des arbres; la plantation. — But, époque de la taille, formes à donner aux arbres, pyramide, vase, buisson,

espalier, etc. — Taille du Poirier, Pommier, Pêcher, Cerisier, Abricotier, Prunier. — Culture de la Vigne dans les jardins, treille à la
Thomery. — Du verger. — Culture du Figuier, Groseillier, Framboisier, Cognassier, Noisetier. — De la greffe : principes généraux; greffes
en fente, par scion et en couronne; greffes en approche; greffes en
écusson; du marcottage et de la bouture. — Récolte, conservation et
emballage des fruits. — Maladies des arbres fruitiers et animaux
nuisibles. — Engrais, labour, chaulage, arrosements. — Nomenclature des principales variétés de fruits.

**HÉRINCQ, JACQUES ET DUCHARTRE. — Manuel général des plan-
tes, arbres et arbustes,** classés selon la méthode de
Candolle; description et culture de 25.000 plantes indigènes
d'Europe ou cultivées dans les serres. 4 vol. grand in-18 jé-
sus à 2 colonnes, ensemble de 3.200 pages, cartonnés. . . 35. »

> C'est un recueil à la fois scientifique et pratique. La botanique et la
> culture ont été réunies dans cet ouvrage. Les espèces et variétés an-
> ciennes et nouvelles y sont décrites avec la plus scrupuleuse exacti-
> tude; leur culture et leur entretien y sont traités avec le même soin.
> Ce livre convient également aux savants et aux praticiens.

**JOIGNEAUX. — Conférences sur le jardinage et la culture
des arbres fruitiers;** légumes, semis et travaux d'entretien; arbres fruitiers, taille et soins d'entretien; récolte et
conservation des produits (*Bibl. du Jard.*). In-18 de 144 p. 1.25

—— **Traité des graines** de la grande et de la petite culture
(Voir page 40). 1 vol. in-18 de 168 pages. 1.25

—— **Les Cultures maraîchères de Paris** pendant le siège
(du 11 octobre 1870 au 28 janvier 1871). Br. in-8º de 80 pag. 1. »

LA BLANCHÈRE (de). — La Plante dans les appartements :
soins généraux et particuliers aux diverses plantes d'appartement : balcons, terrasses, fenêtres, jardinières, corbeilles, sus-
pensions, serres de salon. 1 vol. in-18 de 208 pages et 91 fig. 3. »

LACHAUME. — Le Rosier, culture et multiplication; considérations générales sur la culture; semis, boutures, marcottes,
greffes; taille et entretien du rosier; variétés; insectes nuisibles. (*Bibl. du Jard.*). In-18 de 180 p. et 34 grav. . . . 1.25

—— **Le Champignon de couche,** sa culture bourgeoise et
commerciale, récolte et conservation (*Bibl. du Jard.*). In-18
de 108 pages et 8 grav. 1.25

**LAUMAILLE. — Culture et soins à donner aux plantes en
appartement** : noms, description et arrosage mensuel
des plantes. Br. in-8º de 59 pages. . . . . 1. »

LE BRETON (Mᵐᵉ). — A travers champs; botanique populaire
pour tous, histoire des principales familles végétales, 2ᵉ édition, revue par M. Decaisne. 1 beau vol. in-8º de 550 pages
et 746 figures. . . . . 7. »

LEMAIRE. — Les Cactées, histoire, patrie, organes de végétation,
culture, etc. (*Bibl. du Jard.*). In-18 de 140 pages et 11 grav. 1.25

—— **Plantes grasses autres que Cactées** (*Bibl. du Jard.*).
In-18 de 136 pages et 13 grav. 1.25

**LE MAOUT ET DECAISNE. — Flore élémentaire des jardins et
des champs,** avec les clefs analytiques conduisant promp-
tement à la détermination des familles et des genres. Des
herborisations et de l'herbier; de l'emploi des clefs analytiques; séries des familles; synopsis de la clef analytique des
familles; description des familles, genres et espèces; vocabulaire des termes techniques. 1 v. gr. in-18 de 940 pages, cart. 9. »

LEROY ANDRÉ. — **Dictionnaire de Pomologie** contenant l'histoire, la description, la figure des fruits anciens et modernes les plus généralement connus et cultivés, 6 vol. gr. in-8° de 3000 pages et 1755 figures noires . . . . 30. »

    1re partie. — POIRES . . . . . . 915 variétés.
    2e   —   — POMMES . . . . . . 527 variétés.
    3e   —   — FRUITS A NOYAU . 170 variétés.

Ces six volumes ne se vendent pas séparément.

LOISEL. — **Asperge**, culture naturelle et artificielle (*Bibl. du Jard.*). In-18 de 108 pages et 8 grav. 1.25

—— **Melon**, nouvelle méthode de le cultiver sous cloches, sur buttes et sur couches (*Bibl. du Jard.*). In-18 de 108 pages et 7 grav. 1.25

MAFFRE. — **Culture des jardins maraîchers du midi de la France**, contenant la culture de chaque espèce de légumes, les travaux journaliers d'exploitation d'un jardin maraîcher, le choix et la récolte des graines, et tout ce qui concerne les cultures hâtives, salades, melons, fraises, etc. (1844). 1 vol. in-8° de 475 pages 5.50

MOREAU et DAVERNE. — **Manuel pratique de la culture maraîchère de Paris** (1870), 4e édition. Histoire de la culture maraîchère de Paris; statistique; outils et instruments; exposition, mois par mois, des travaux à exécuter et des produits à récolter; culture des primeurs, dite culture forcée, pour les divers légumes, salades, melons, fraises, etc., ouvrage ayant obtenu la grande médaille d'or de la Société centrale d'horticulture de France. 1 vol. in-8° de 376 pages. 5. »

MOUILLEFERT. — **Arborétum de l'école nationale d'agriculture de Grignon**, catalogue des arbres qui y sont cultivés. Broch. in-8° de 104 pages. . . . . 2. »

NAUDIN. — **Le Potager**; établissement du potager; terrains, travail des terres, instruments; principes généraux de culture; cultures naturelles, de primeurs et forcées; culture des divers légumes (*Bibl. du Jard.*). In-18 de 180 pages et 34 grav. . 1.25

NAUDIN ET MULLER. — **Manuel de l'Acclimateur**, ou choix des plantes recommandées pour l'agriculture, l'industrie et la médecine : acclimatation des plantes, genre des plantes déjà utilisées ou qui peuvent l'être; énumération des plantes, leurs usages, leur culture. 1 vol. in-8° de 572 pages et 1 fig. 7. »

NICHOLSON (G.). — **Dictionnaire pratique d'Horticulture et de Jardinage**, traduit, mis à jour et adapté à notre climat, à nos usages, par S. Mottet, illustré de plus de 3500 figures et de 80 pl. chromolithographiques hors texte. Est publié par liv. de 48 p. contenant chacune une pl. chrom. Il paraîtra une livr. par mois, l'ouvrage complet en 80 livraisons à 1.50
    Souscription à l'ouvrage complet, en payant d'avance . . 100. »
    Les livraisons 1 à 45 sont en vente.
    Le t. I comprenant les liv. 1 à 16 avec 16 pl. chromolith. br. 24. »
    Le t. II comprenant les liv. 17 à 32 avec 16 pl. chrom. br. 24. »

NOISETTE. — **Manuel complet du jardinier** (1860). 5 vol. in-8°, cartonnés, ensemble de 2.500 pages et 25 planches. . . . 25. »

OUVRAY (E.). — **Manuel d'arboriculture fruitière**, appendice sur la vigne : traitement des maladies cryptogamiques, phylloxéra; reconstitution des vignobles par les plants américains, 1 vol. in-18 de 248 p. 83 fig. 2.25

PAILLIEUX ET BOIS. — **Le Potager d'un curieux** : histoire, culture et usages de 200 plantes comestibles, peu connues ou inconnues. 2e éd. entièrement refaite. 1 vol. in-8° 604 p. 54 fig. 10. »

PONCE (J.). — **La Culture maraîchère pratique des environs de Paris** 1869; composition d'un jardin maraîcher; engrais, travaux préparatoires; soins généraux; soins spéciaux à donner aux divers légumes; cultures spéciales des ananas, champignons et fraisiers; calendrier du maraîcher, tableau des semis et plantations. 1 vol. in-18 de 320 pages et 15 pl. . 2.50

PRÉCLAIRE. — **Traité théorique et pratique d'arboriculture** (1864). 1 vol. in-8° de 182 p. et un atlas in-4° de 15 pl. 5. »

PUVIS. — **Arbres fruitiers**, taille et mise à fruit (*Bibl. du Jard.*). In-18 de 168 pages 1.25

RAFARIN. — **Traité du chauffage des serres.** 1 vol. in-8° de 76 pages et 25 grav. 3.50

SAINT-BRIAC (J. de). — **L'Arbre fruitier des jardins.** *L'arbre inculte* : la terre végétale, développement de l'arbre inculte, fructification. — *L'arbre cultivé* : préparation du sol, plantation des arbres, formes à leur donner, multiplication des arbres, greffe, soins à donner aux arbres et aux fruits; maladies; animaux nuisibles. 1 vol. in-18 de 172 pages et 20 fig. 2. »

VALETTE. — **Notice sur la culture des fraisiers** ; préparation du terrain, plantation, multiplication, cueillette et emballage des fraises; culture forcée; ennemis des fraisiers. 1 vol. in-18 de 88 pages. 1.25

VAUVEL. — **Culture de l'Asperge à la charrue**, culture forcée au thermosiphon et au fumier. Broch. in-18 de 108 pag. 1. »

VIALON (P.). — **Le Maraîcher bourgeois** ; outillage, qualités des terres, culture des divers légumes (*Bibl. du jardinier*). In-18 de 128 pages 1.25

VILMORIN-ANDRIEUX. — **Les Fleurs de pleine terre**, comprenant la description et la culture des fleurs annuelles, bisannuelles, vivaces et bulbeuses de pleine terre, suivies de classements divers indiquant l'emploi de ces plantes et l'époque de leur semis ou plantation et de leur floraison, de nombreux exemples d'ornementation pour corbeilles, plates-bandes, etc., comprenant aussi des plans en chromolithographie de jardins et de parcs paysagers, par Edouard André, avec notes explicatives et exemples de leur ornementation. 4e édit. 1 vol. in-8° de 1360 p. et ill. de plus de 1600 grav. 16. »

—— **Instructions pour les semis de fleurs de pleine terre** avec l'indication de leur hauteur, coloris, époque de semis, de floraison, culture, etc.; suivies de classements divers suivant leur emploi et d'une notice sur la formation des gazons, 7e édition revue et augmentée. 1 vol. in-8°, broché-cartonné de 152 pages et 84 figures. . . . . . . 2. »

—— **Les Plantes potagères**, description et culture des principaux légumes des climats tempérés. 1 beau vol. grand in-8° de 750 pages avec 760 fig. environ. 2e édition. . . . . . 12. »

IX. — EAUX ET FORÊTS. — CHASSE ET PÊCHE.

Maison rustique du XIXe siècle, tome IV (*voir page* 3).

ADRIAN (A.). — **Barême forestier.** Tableaux de calculs du cubage des bois en grume, — par la circonférence et le diamètre, au volume réel, — des bois équarris, des sapins sur pied, des futailles. — Évaluation en sciages et bois de chauffage. — Débitage des bois en grume en pièces équarries. — Mesurage des volumes. — Évaluation de la puissance motrice d'une chute d'eau. — Tarifs de douane et poids des bois. 4ᵉ édition, 1 vol. in-12 de 200 pages. . . . . 3. »

Arbois de Jubainville (d'). — **Observations sur la vente des forêts de l'État** (1865). Br. in-8° de 12 pages. . . ».50

Baudrain (Victor). — **Des dégâts causés aux champs par les lapins :** Responsabilité des propriétaires et locataires de chasse, existence du dommage, preuve, procédure ; arrêts et jugements. 1 vol. in-8° de 124 pages. 2.50

Bel (Jules). — **Les Champignons supérieurs du Tarn,** avec 32 planches coloriées. Description des champignons ; tableau des familles décrites ; table alphabétique des noms vulgaires et des noms scientifiques. Empoisonnements par les champignons etc. 1 vol. in-8° de 200 p. . . . . 8. »

Bouchon-Brandely. — **Traité de pisciculture pratique et d'aquiculture** en France et dans les pays voisins, ouvrage publié avec l'encouragement du ministère de l'agriculture. 1 beau vol. grand in-8° de 500 pages avec 40 gravures et 20 planches hors texte. . . . . 20. »

Brocchi (P.). — **Traité d'ostréiculture,** organisation et classification des mollusques, étude anatomique de l'huître, les centres de production, d'élevage et d'engraissement ; législation ; maladies et ennemis des huîtres, pratique ostréicole actuelle, 1 vol. in-18 de 300 pages 3.50

Brunet (Raymond). — **Le Pin Maritime,** sa culture, ses produits, son gemmage et son rôle dans la fixation des dunes. Manuel du résinier, du fabricant de produits résineux et du propriétaire. 1 vol. in-18 de 134 pages et 25 fig. . . 1.25

Chambray (marquis de). — **Traité des arbres résineux conifères à grandes dimensions** (1845) : Influence de la latitude et de l'altitude sur la végétation des arbres résineux conifères ; reproduction et exploitation ; insectes nuisibles. 1 vol. gr. in-8°, de 445 pages avec atlas de 7 planches coloriées. 25. »

Dastugue. — **Chasse et pêche,** traité pratique ; 1 vol. in-18 de 328 pages et nombreuses figures. . . . . 3. »

Lièvre, lapin, renard, loup ; chasse au chien courant et au chien d'arrêt. — Caille, perdrix rouge, perdrix grise. — Oiseaux de passage : bécasse, grive, alouette, canard sauvage, etc. — Chasses amusantes et utiles : corbeau, geai, pie. — Fusils, cartouches, règles du tir. — Conseils à un jeune chasseur. — Pêche : barbeaux, goujons, carpes, etc., etc. Appâts et amorces ; calendrier du pêcheur.

Doussard. — **Manuel du naturaliste préparateur,** manière d'empailler oiseaux et quadrupèdes. In-8° de 52 pag. et 8 fig. 1.50

Grandeau. — **Chimie et physiologie appliquées à la sylviculture** (Annales de la station agronomique de l'Est, travaux de 1868 à 1878). 1 vol. grand in-8° de 414 pages. . 9. »

Gurnaud. — **Traité forestier pratique,** manuel du propriétaire de bois : culture, taillis, sapinières, futaies, qualités des bois, cubage, estimation, emplois et usages des bois ; aménagement et exécution des coupes ; comptabilité forestière ; administration et surveillance ; vente, marchés, tables de cubage, tables diverses. 3° édition augmentée de nombreux développements techniques, de calculs d'accroissement et de modèles remplis pour la comptabilité. 1 vol. in-18 de 260 pages ou tableaux. 3.50

GURNAUD. — La Double du périgord, aménagement des eaux et des bois; la réforme forestière; Étude technique, 1 broch. in-8° de 48 pages.

—— La Sylviculture française : méthodes forestières, comparaison de la méthode allemande et de la méthode française; exposé d'une méthode nouvelle. Broch. in-8° de 94 pages. . 1. »

—— La Sylviculture française et la méthode du contrôle : 1 vol. gr. in-8° de 124 pages. . . . . 3. »

—— La Méthode du Contrôle à l'Exposition universelle de 1889. Broch. in-8° de 16 pages. 0.75

HENNON. — Géodésie pratique des forêts à l'usage des agents forestiers, des propriétaires, régisseurs, agents-voyers etc., Instruments propres au levé des plans de forêts, triangulation; problèmes divers; Assiette et réarpentage des coupes; Aménagement; Cartes forestières; Cubage des bois en grume et équarris. 1 vol. in-8° de 172 pages et 8 planches . . 4.50

KOLTZ. — Traité de pisciculture pratique : nomenclature des poissons; fécondation artificielle, frayères; incubation et éclosion, appareils, élevage des jeunes poissons; maladies; transport des œufs et des poissons; frais d'établissement et d'exploitation. 1 vol. in-18 de 186 pages, avec 60 fig. . . 2.50

LEVAVASSEUR. — Traité pratique du boisement et reboisement des montagnes et terrains incultes. In-8° de 56 p. 1.25

MARTINET. — Considérations et recherches sur l'élagage des essences forestières. In-12 de 180 pag. et 41 fig. 1.50

—— Le Pin sylvestre et sa culture en Sologne. Broch. in-8° de 48 pages. . . . . 1. »

MORANGE (Amédée). — Le Guide de l'élagueur dans les parcs et les forêts (Bibl. du Jard.). In-18 de 144 pages et 20 fig. 1.25

MORTILLET (H. de). — Vade mecum du mycophage pour les 12 mois de l'année, publié sous et les auspices de la société horticole Dauphinoise. Broch. in-8° de 64 p. . . . 1.50

NANOT (Jules). — Établissement et entretien des plantations d'alignement, et élagage des arbres : *Nouvelle édition en préparation* 3.50

NOIROT. — Traité de culture des forêts ou de l'application des sciences agricoles et industrielles à l'économie forestière. 2° édition (1889); croissance des arbres, méthodes d'aménagement des taillis et des futaies, choix des essences, réglage des coupes, élagage, pratique des semis et plantations, exploitation, cubage, etc. 1 vol. in-8°, 484 pages. . 7.50

ROUSSET (Antonin). — Culture et exploitation des arbres, application des conditions climatériques, et des principes de la physiologie végétale aux conditions normales d'existence, de propagation, de culture et d'exploitation des arbres isolés ou en massifs. 1 vol. in-8° de 448 pages. . . . . 7. »

—— Études de maître Pierre sur l'agriculture et les forêts. 1 vol. in-18 de 29 pages . . . . 1. »

TAILLASSON (R. de). — Les Plantations résineuses de la Champagne crayeuse de 1878 à 1895. — Invasion de la chenille Lasiocampa Pini en 1892, 1893, 1894 et 1895. 1 vol. in-8° de 42 pages avec une planche en chromolithographie. 1.50

THOMAS. — Traité général de la culture et de l'exploita-

tion des bois (1840); désignation et qualités des arbres forestiers, bois durs, blancs et résineux; pépinières, semis, plantations, aménagements, coupes; conservation des bois; maladies des arbres; exploitation des bois : sciages, charpente, merrain, etc., etc.; charbonnage; cubage et mesurage; flottage, etc. 2 vol. in-8°, ensemble de 1,076 pages. . . . 10. »

X. — DROIT USUEL. — ÉCONOMIE DOMESTIQUE. — HYGIÈNE. — CUISINE.

Audot (L.-E.). — La Cuisinière de la campagne et de la ville. 1 vol. in-12 de 676 pages avec 300 grav. . . . . . 3. »

Coqueugniot. — L'Avocat des Commerçants et des Industriels, des voyageurs et des représentants de commerce, avec nombreux modèles d'actes et de livres de commerce. 1 v. in-8° de 592 pages. . . . . 4. »

—— **L'Avocat des agriculteurs et des viticulteurs,** guide pratique contenant par ordre alphabétique toutes les questions juridiques, lois, décrets, règlements intéressant les agriculteurs et viticulteurs, avec modèles d'actes et de demandes se rapportant à la propriété rurale et à son exploitation. 1 vol. in-8° de 442 pages . . . . 4. »

Cunisset-Carnot. — L'Avocat de tout le monde, guide pratique contenant le résumé des cinq codes. 1 vol. in-8° de 450 p. 4. »

Emion (Victor). — La Taxe du pain. In-8° de 168 pages . . . . 4. »

George (Dr H.). — Traité d'hygiène rurale, suivi des premiers secours en cas d'accidents, comprenant :

L'alimentation : préparation et cuisson des aliments; ustensiles; assaisonnements.— Viande de boucherie, de Porc, de Cheval; Gibier, Volaille, Poissons; Œufs, Lait, Fromage, Beurre. — Aliments farineux, Légumes verts, Fruits. — L'eau potable; ses caractères, Eaux de source, de puits, de pluie, de rivières ou de fleuves; eaux impures; leur purification. — Les boissons fermentées : Piquette, Cidre, Bière, Vin. — Les boissons alcooliques et aromatiques. — Le régime alimentaire : les repas, les fonctions du ventre; l'obésité.

L'air : sa pureté; la chaleur atmosphérique; l'électricité atmosphérique; la sécheresse et l'humidité; le froid; la lumière et l'éclairage. *Le travail :* l'exercice musculaire; les fonctions cérébrales. *Les maladies contagieuses :* peste, fièvre jaune, choléra, fièvre typhoïde, dysenterie, etc., etc. *Les accidents :* empoisonnements, asphyxies, blessures, congestion, apoplexie, syncope, morts subites.

Un vol. in-18 de 432 pages et 12 figures 3.50

Maugras. — L'Avocat de la famille, guide des droits et obligations légales de la famille. 1 vol. in-8° de 476 pages. 4. »

—— **L'Avocat des communes et des administrés de la commune,** guide pratique traitant de la législation et de l'administration communales, des attributions du maire, etc.; avec répertoire des questions usuelles d'administration et de polices municipales, 1 vol. in-8° de 466 pages . . . . 4. »

Millet-Robinet (Mme). — Maison rustique des dames, 14° éd.

Tenue du ménage : Devoirs et travaux de la maîtresse de maison. — Des domestiques. — De l'ordre à établir; Comptabilité; Recettes et dépenses. —La maison et son mobilier, son entretien; linge, blanchissage, chauffage, éclairage. — Cave et vins, boulangerie et pain. — Provisions du ménage; confitures; conserves.

Manuel de cuisine : Manière d'ordonner un repas. — Potages, jus, sauces, garnitures. — Viandes, gibier, poisson, légumes. — Purées et pâtes. — Entremets, pâtisserie, etc.

Médecine domestique : Petite pharmacie, médicaments. — Ce qu'il faut faire avant l'arrivée du médecin dans les indispositions les plus fréquentes, empoisonnements, asphyxie.

Jardin : Disposition générale du jardin. — Jardin fruitier, potager, fleuriste. — Calendrier horticole.

Ferme : La ferme et son mobilier.

— Nourriture des gens de la ferme.
— Basse-cour, vacherie, laiterie et fromagerie ; bergerie et porcherie.
— Abeilles et vers à soie.

2 vol. in-18 comprenant ensemble 1.400 pages avec 225 fig. 7.75
Les 2 vol. reliés, **11 fr.** — **Reliés, tranches dorées, 13 fr.**
Ces 2 vol. ne se vendent pas séparément.

MILLET-ROBINET (Mme). — **Économie domestique,** notions élémentaires sur les travaux d'une maîtresse de maison ; lessive ; provisions et conserves ; confitures, liqueurs et fruits à l'eau-de-vie ; utilisation du porc ; etc. (*Bibl. du Cultiv.*). In-18 de 228 pages et 77 gravures 1.25

MILLET-ROBINET (Mme) et le Dr ÉMILE ALLIX. — **Le Livre des jeunes mères,** la nourrice et le nourrisson (4e *Édition*) :

Le devoir maternel.

Le berceau et la layette : berceau en fer et en osier ; sa garniture. — Layette ; méthodes diverses ; description, composition, entretien ; planche de patrons.

La grossesse : durée, signes, hygiène, choix de l'accoucheur.

L'accouchement : disposition des lits et de la chambre ; l'accouchement et la délivrance, soins à la mère et au nouveau-né après l'accouchement.

Les maux de sein : inflammation, abcès, gerçures et crevasses.

L'allaitement : allaitement maternel, le lait et la tétée, hygiène de la nourrice. — Allaitement mercenaire, nourrices sur lieu et nourrices de campagne, choix, surveillance. — Allaitement artificiel, modes divers, biberons, règlement de l'allaitement artificiel. — Allaitement mixte.

Sevrage et dentition : les nouveaux aliments ; précautions à prendre pour le nourrisson et la nourrice ; marche de la dentition.

Hygiène du nourrisson : toilette, soins de propreté, bains, sorties, exercices, hochets, etc.

L'enfant en état de santé, comment il vit, agit et se développe : respiration, circulation, digestion, sensations et mouvements ; développement physique.

Maladies de l'enfant : angines, indigestion, diarrhée, constipation, vers, croup, bronchites, coqueluche, scarlatine, rougeole, variole, convulsions, etc., etc. Maladies de la peau, des oreilles, des yeux ; blessures, plaies, brûlures, etc.

Éducation morale de l'enfant.

La protection de l'enfance : crèches sociétés de protection.

Un vol. in-18 de 392 pages avec 48 figures et une planche de patrons pour la layette. 3.75
Le volume relié, **5 fr.**

PENNETIER (Dr G.). — **Leçons sur les matières premières organiques** : matières alimentaires, lait, œufs, viandes, féculents ; épices et aromates ; fibres textiles ; matières tinctoriales et tannantes ; gommes, gommes-résines, baumes, essences, etc. ; matières oléagineuses ; substances médicinales ; dépouilles et débris d'animaux ; tabacs.

Chacune des matières premières organiques fait l'objet d'une étude complète : origine, provenances, caractères, composition chimique, sortes commerciales, altérations, falsifications et moyens de les reconnaître, importance commerciale et usages de chaque produit.

1 vol. gr. in-8° de 1,018 pages et 344 fig. . . . . . . 18. »

ZOLLA (Daniel). — **Code manuel du propriétaire agriculteur.** — La loi, les personnes et les choses. — Voirie et alignement. — Régime des eaux. — Expropriation pour cause d'utilité publique. — De la chasse. — De la pêche. — Impôts. — Lois diverses. — 1 vol. in-18 de 366 pages. 3. 50

ENSEIGNEMENT PRIMAIRE AGRICOLE

Agriculture (*Petite école d'*), par P. Joigneaux. 1 vol. in-18 de 124 pages et 42 grav. cartonné toile 1.25

Agriculture (*Traité élémentaire et pratique d'*), par Laurençon. 2 vol. in-12 de 248 pages et 44 grav. 1.50

Arithmétique agricole, par Lefour. In-12 de 128 pages. . .   ».75

Devoirs de l'homme envers les animaux, par J. Chalot. In-12 de 128 pages . . . .   ».75

Histoire du grand Jacquet, métayer, par Méplain et Taisy. In-12, 144 pages. . . . .   ».75

Horticulture (*Cours élémentaire*), par Boncenne. 2 vol. in-12 ensemble de 810 pages et 85 gravures. 1.50

Les Jeudis de M. Dulaurier, cours élémentaire d'agriculture par V. Borie. 2 vol. in-18.

1re *année* : 108 pages et 16 grav. . . . .   ».75

2e *année* : 108 pages et 51 grav. . . . .   ».75

Lectures et dictées d'agriculture, par G. Heuzé. In-12, 128 pages. . . . .   ».75

Lectures choisies pour la campagne, par Halphen. In-18, 106 pages. . . . .   ».50

Petit Questionnaire agricole à l'usage des écoles primaires des pays de pâturage, par Éd. Teisserenc de Bort. 8e édition, 1 vol. in-18 de 192 pages et 16 gravures. 1.25

BIBLIOTHÈQUE AGRICOLE ET HORTICOLE
60 VOLUMES A 3 FR. 50

Agriculture de la France méridionale, par Riondet. 484 pag.

Agriculture Algérienne, par J. Lescure. 360 pages, 26 grav.

Agriculture (L') à grands rendements, par E. Lecouteux. 368 pag.

Assolements et systèmes de culture, par F. Nicolle. 446 p.

Blé (Le), sa culture, commerce, prix de revient tarifs et législation, par Ed. Lecouteux. 1 vol. in-18 de 422 pages et 60 fig.

Castration et le bistournage (Guide pour la), par M. E. Serres. 1 vol. in-18 de 560 pages et 20 figures.

Chevaux de trait français (les), par Gayot. In-18 de 360 p., 2 fig.

Chimie agricole, ou l'agriculture considérée dans ses rapports principaux avec la chimie, par Isidore Pierre. 6e édit. 2 vol. in-18 de 778 pages et 25 figures.

Tome Ier. L'atmosphère, l'eau, le sol et les plantes. Ces deux vol. se
— II. Les engrais. vendent séparément.

Cidre (Culture du pommier à), fabrication du cidre et utilisation des pommes et marcs, par J. Nanot. In-18 de 324 pages et 50 fig.

Code manuel du propriétaire-agriculteur par D. Zolla in-18 de 366 pages.

Connaissance pratique du cheval, traité d'hippologie, par A. A. Vial. 1 vol. in-18 de 372 pages et 72 figures.

Culture améliorante (Principes de la), par Ed. Lecouteux. In-18 de 432 pages.

Économie rurale (Cours d'), par Ed. Lecouteux. 2 vol. de 1060 pag.

Tome Ier. Les milieux économiques. Ces 2 vol. ne se vendent
— II. Les entreprises agricoles et les systèmes pas séparément.
de culture.

Économie rurale de la France depuis 1789, par L. de Lavergne. 490 pages.

Éléments d'hygiène et de zootechnie, par Rossignol et Dechambre. 2 vol. in-18 de 738 pages et 154 figures.

Tome Ier. Anatomie, extérieur, hygiène, zootechnie générale. Ces deux vol.
— II. Les Équidés, les bovins, moutons, chèvres, porcs, se vendent séparément.
animaux de basse-cour.

Encyclopédie horticole, par Carrière. 550 pages.

Engrais et les ferments de la terre (Les) par P.P. Deherain, 1 vol. in-18 de 228 pages.

Hygiène rurale (Traité d') suivi des premiers secours en cas d'accidents, par le Dr H. George, 1 vol. in-18 de 432 pages et 12 figures.

Leçons élémentaires d'agriculture, par Masure. 1 vol.

Tome II. Vie aérienne et vie souterraine des plantes de grande culture, 477 pages, 20 grav.

Maïs (le) et les autres fourrages verts, culture et ensilage, par Ed. Lecouteux, in-18 de 320 pages et 15 figures.

Maladies du cheval par Bénion. In-18 de 340 pag et 25 figures.

Manuel juridique de l'acheteur et du marchand d'engrais et d'amendements, par G. Gain: in-12 de 372 pages.

Métayage, par le Comte de Tourdonnet. 1 vol. in-18 de 372 pages.

Météorologie et physique agricoles, par Marié-Davy. 400 pag., 53 gravures.

Mildiou (le), suivi d'une description de l'Érinose, par Patrigeon, 216 pages, 4 pl. col. et 38 fig.

Mouches et Vers, par Eug. Gayot. 248 pages, 33 grav.

Ostréiculture (Traité d'), par P. Brocchi. In-18 de 300 pages.

Pâturages, prairies naturelles et herbages, par G. Heuzé, 1 vol. in-18 de 372 pages et 47 figures.

Plantations d'alignement (Établissement et entretien des), par Jules Nanot. Nouvelle édition en préparation.

Plantes fourragères, par Gustave Heuzé. 2 vol. in-18.

> Tome Ier. Les plantes à racines et à tubercules, et les plantes cultivées pour leurs feuilles, in-18 de 324 pages et 89 fig. } Ces 2 vol. se vendent
> Tome II. Les prairies artificielles, in-18, 396 pages et 53 fig. } séparément.

Plantes industrielles, par Gustave Heuzé. 3e édition 4 vol.

> Tome Ier. Plantes textiles ou filamenteuses de sparterie, de vannerie et à carder. 364 pages et 50 figures.
> Tome II. Plantes oléagineuses, tinctoriales, saponaires, tannifères et salifères.
> Tomes III. Plantes aromatiques, à parfums, à épices et condimentaires.
> Tome IV. Plantes narcotiques, sacchariferes, pseudo-alimentaires, lactifères, résineuses, astringentes, médicinales et funéraires.

> Se vendent séparément.

Porc (le), par Gustave Heuzé. 2e éd. 322 pages et 50 grav.

Poulailler (le), par Ch. Jacque. 360 pages et 117 grav.

Pratique de l'agriculture (la) par G. Heuzé, 2. vol.

> Tome Ier. — Agents de la production, labours, hersages, roulages, application des engrais, semailles. } Ces 2 vol. se vendent
> Tome II. — Cultures d'entretien, fénaison, moisson, nettoyage et conservation des produits, direction du domaine. } séparément.

Production fourragère par les engrais (la), **prairies et herbages,** par H. Joulie, in 8o de 320 pages ou tableaux.

Races Bovines (les), par H. Corblin et E. Gouin, in-8o de 384 pages.

Séchage des fruits et des légumes (traité pratique du), par J. Nanot et L. Tritschler. 300 pages et 27 figures.

Taille des arbres fruitiers, par Forney, 2 vol.

> Tome Ier. — Principes généraux; le poirier et le pommier; les arbres de verger, 320 pages, 169 fig. } Ces 2 vol. se vendent
> Tome II. — Pêcher, prunier et autres fruits à noyau; vignes, figuier et petits fruits, 360 pages, 183 fig. } séparément.

Traité forestier pratique, par Gurnaud, 3e éd., in-18 de 260 p.

Vers à soie (Conseils aux nouveaux éducateurs), par de Boullenois. 3e édit., in-8o de 248 pages.

Vices rédhibitoires des animaux domestiques (Manuel des), par E. Le Pelletier. In-18 de 296 pages.

Vigne (Culture de la) **et vinification,** par J. Guyot. 2e éd. 426 pages, 80 grav.

Voyage agricole en Russie, par L. de Fontenay. 1 vol. in-18 de 570 pages.

Zootechnie (Traité de) ou Économie du bétail, par A. Sanson. 2e éd. 5 v. ensemble de 2.016 pages et 236 gravures.

1re partie. Zoologie et zootechnie générales	{ Tome Ier. Organisation, fonctions physiologiques et hygiène des animaux domestiques agricoles.	
	— II. Lois naturelles et méthodes zootechniques.	} Ces 5 vol. se vendent séparément
2e partie. Zoologie et zootechnie spéciales	— III. Chevaux, ânes, mulets.	
	— IV. Bœufs et buffles.	
	— V. Moutons, chèvres et porcs.	

BIBLIOTHÈQUE DU CULTIVATEUR

46 VOLUMES IN-18 A 1 FR. 25

Abeilles (les), par l'abbé Sagot, édition revue par l'abbé Delépine. 180 pages et 15 fig.

Agriculteur commençant (Manuel de l'), par Schwerz. 332 p.

Alimentation raisonnée des animaux moteurs et comestibles, par Sanson. 180 pages et 3 fig.

Animaux domestiques, par Lefour. 154 pages et 33 gravures.

Basse-cour, Pigeons et Lapins, par Mme Millet-Robinet. 5e édition. 180 pages, 26 grav.

Bêtes à cornes (Manuel de l'éleveur de), par Villeroy. 308 p. et 65 gr.

Calendrier du bon cultivateur (abrégé), par Mathieu de Dombasle. 304 pages et 25 grav.

Champs et les Prés (les), par Joigneaux. 154 pages.

Cheval (Achat du), par Gayot. 180 pages et 25 grav.

Cheval, Ane et Mulet, par Lefour. 180 pages et 136 grav.

Cheval percheron, par du Hays. 176 pages.

Chèvre (la), par Huard du Plessis. 164 pages et 42 grav.

Chimie du sol, par le Dr Sacc. 148 pages.

Chimie des végétaux, par le Dr Sacc. 220 pages.

Chimie des animaux, par le Dr Sacc. 154 pages.

Comptabilité et géométrie agricoles, par Lefour. 214 pages et 104 grav.

Comptabilité de la ferme, par Dubost et Pacout. 124 pages.

Constructions rurales (Traité élémentaire des), par J.-A. Grandvoinnet. 2 vol. ensemble de 808 pages et 306 figures.
Tome Ier. Principes généraux de construction. | Ces 2 vol. ne se vendent pas séparément.
Tome IIe. Bâtiments ruraux. |

Culture générale et instruments aratoires, par Lefour. 174 pages et 135 grav.

Économie domestique, par Mme Millet-Robinet. 228 p. et 77 gr.

Engrais chimiques (utilité, composition et emploi), par de Mauroy. 140 pages.

Engrais chimiques (Pratique des), par L. Mussa. 144 pages.

Engraissement du bœuf, par Vial. 180 pages et 12 grav.

Fermage (estimation, baux, etc.), par de Gasparin. 3e éd. 216 pages.

Fumier de ferme (Amélioration du), par Lévy. 152 pages.

Graines de la grande et de la petite culture (Traité des), par P. Joigneaux. 168 pages.

Grêle (Manuel de l'expert des dommages causés par la), par François. 108 pages.

Incubation et élevage artificiels des volailles, instructions pratiques, par Roullier-Arnoult. 2e édition. 172 pages, et 49 figures.

Irrigations (Pratique des), par Vidalin. 180 pages, 22 grav.

Lapins, lièvres et léporides, par Eug. Gayot. 180 pages et 15 gravures.

Maréchalerie, ou ferrure des animaux domestiques, par A. Sanson. 164 pages, 34 figures.

Médecine vétérinaire (Notions usuelles de), par Sanson. 174 pages et 13 grav.

Métayage, par de Gasparin. 2ᵉ édition. 164 pages.

Moutons (les), par A. Sanson. 168 pages et 56 grav.

Pigeons, Dindons, Oies et Canards, par Pelletan. 180 p. et 20 gr.

Pin maritime (le), par Raymond Brunet. 134 pages et 25 fig.

Plantation et greffage des vignes américaines (Pratique de), par le Cᵗᵉ de La Laurencie, 180 pages, et 31 grav.

Porcherie (Manuel de la), par L. Léouzon. 168 pages et 38 grav.

Poules et Œufs, par E. Gayot. 216 pages et 40 grav.

Races bovines, par Dampierre. 2ᵉ édit. 192 pages et 28 grav.

Sol et Engrais, par Lefour. 176 pages et 54 grav.

Travaux des champs, par Victor Borie. 188 pages et 121 grav.

Vache (la) et ses produits, par Aujollet, 252 pages et 20 fig.

Vaches laitières (Choix des), par Magne. 144 pages et 39 grav.

Veaux (Traité pratique de l'élevage des), par Jules Le Conte, 180 pages et 9 figures.

BIBLIOTHÈQUE DU JARDINIER
19 VOLUMES IN-18 A 1 FR. 25

Arbres fruitiers. Taille et mise à fruit, par Puvis. 167 pages.

Arbres fruitiers. Semis et mise à fruit, par Carrière, 158 pages.

Arbres d'ornement de pleine terre, par Dupuis. 162 p., 40 gr.

Arbrisseaux et Arbustes d'ornement de pleine terre, par Dupuis. 122 pages et 25 grav.

Asperge. Culture, par Loisel. 108 pages et 8 grav.

Cactées, par Ch. Lemaire. 140 pages, 11 grav.

Champignon de couche (le), par J. Lachaume. 108 pages et 7 grav.

Conférences sur le jardinage et la culture des arbres fruitiers, par Joigneaux. 144 pages.

Conifères de pleine terre, par Dupuis. 156 pages et 47 grav.

Élagueur (Guide de l') dans les parcs et les forêts, par Morange. 144 pages et 20 fig.

Maraîcher bourgeois (le), par P. Vialon. 128 pages.

Melon, Nouvelle méthode de le cultiver, par Loisel. 108 pag. et 7 gr.

Orchidées (les), par Delchevalerie. 184 pages, 32 grav.

Pépinières (les), par Carrière. 184 pages et 29 grav.

Plantes grasses autres que Cactées, par Ch. Lemaire. 136 p., 13 gr.

Plantes de serre chaude et tempérée, par Delchevalerie. 156 pages, 9 grav.

Pommiers d'ornements, par Carrière, 180 pag. 18 gr.

Potager (le), jardin du cultivateur, par Naudin. 180 pag. 34 grav.

Rosier (le), par Lachaume, 180 pages et 34 grav.

60ᵉ ANNÉE.　　60ᵉ ANNÉE.

JOURNAL

D'AGRICULTURE PRATIQUE

MONITEUR DES COMICES, DES PROPRIÉTAIRES, ET DES FERMIERS

Fondé en 1837 par Alexandre Bixio

PARAIT TOUS LES JEUDIS PAR LIVRAISON GRAND IN-8° DE 48 PAGES
IL PUBLIE UNE PLANCHE COLORIÉE PAR MOIS
ET FORME CHAQUE ANNÉE DEUX BEAUX VOLUMES IN-8° DE 1,900 PAGES

AVEC 12 MAGNIFIQUES PLANCHES COLORIÉES

ET DE NOMBREUSES GRAVURES

Rédacteur en chef : L. GRANDEAU

Membre du Conseil supérieur de l'agriculture
Inspecteur général des Stations agronomiques
Professeur suppléant au Conservatoire national des arts et métiers
Doyen honoraire de la Faculté des sciences de Nancy. — Professeur honoraire
de l'École nationale forestière
Directeur de la Station agronomique de l'Est
Membre honoraire de la Société royale d'agriculture d'Angleterre, de la Société
impériale libre de Moscou, de l'Académie royale agricole
de Suède, de Turin, etc.

Secrétaire de la rédaction : A. DE CÉRIS.

Directeur-Gérant : L. BOURGUIGNON.

PRINCIPAUX COLLABORATEURS : MM. Aimé Girard, Naudin, Pasteur, membres
de l'Institut.
MM. de Dampierre, Gustave Heuzé, Eug. Marie, Lavallard, Müntz, Michel
Perret, Prillieux, Risler, membres de la Société nationale d'agriculture.
MM. Bouscasse, Brocchi, Convert, Cornevin, Delacroix, Destremx, Victor
Emion, Dʳ George, A.-C. Girard, Grollier, Hitier, P. de Laffitte, Laverrière,
L. Léouzon, A. Lesne, Lindet, H. V. de Loncey, Marié-Davy, Eug. Marchand,
Millardet, Mouillefert, J. Nanot, Dʳ Patrigeon, Ringelmann, Sabatier, Schri-
baux, G. Ville, Zolla, etc.; et un nombre considérable d'agriculteurs, de
savants, d'économistes, d'agronomes de toutes les parties de la France et de
l'étranger.

Fondé en 1837 par Alexandre Bixio, le *Journal d'Agriculture pratique* compte aujourd'hui cinquante-neuf ans d'existence,
et son succès n'a fait que croître chaque année. Il a vu reconnaître ses
longs services par l'Académie des Sciences, qui lui a décerné le **Prix
Morogues**, comme à l'ouvrage ayant fait faire le plus de progrès à
l'agriculture.

Depuis le 1ᵉʳ janvier 1885, le *Journal d'agriculture pratique* donne
en planches coloriées, d'une exécution irréprochable, les por-
traits de nos animaux les plus remarquables de nos fermes et de nos

concours, reproduits d'après les modèles de l'un de nos peintres animaliers les plus justement en renom, **M. Olivier de Penne,** qui a bien voulu se charger des aquarelles.

Depuis la mort de M. Ed. Lecouteux, la rédaction en chef du *Journal d'agriculture pratique* est confiée à M. L. Grandeau, l'agronome universellement connu, que M. Ed. Lecouteux avait déjà choisi pour le suppléer dans sa chaire d'agriculture du Conservatoire national des arts et métiers.

Le journal publie des chroniques agricoles, des comptes rendus des séances de la Société nationale d'agriculture ; des articles de jurisprudence ; des articles consacrés à l'examen des questions de pratique pure, une revue mensuelle de météorologie et une revue étrangère.

L'économie rurale, l'économie du bétail, l'économie forestière, la culture de la vigne, de la betterave, de toutes les plantes industrielles, aussi bien que celle des céréales et des plantes fourragères ; la culture des eaux, l'apiculture, la mécanique agricole, l'architecture rurale ; les questions de chimie appliquée à l'agriculture ; en un mot toutes les branches de l'agriculture sont traitées avec l'importance qu'elles comportent.

La partie commerciale a reçu tous les développements qu'elle mérite. Des mercuriales hebdomadaires, et une revue de tous les marchés français et étrangers, tiennent le lecteur au courant des fluctuations des cours, pour tous les produits agricoles : céréales et farines, bétail, graines fourragères et oléagineuses, fourrages et pailles, chanvres et lins, houblons, etc. ; vins, alcools et eaux-de-vie ; sucres, amidons et fécules, engrais divers ; cuirs et peaux, suifs et saindoux, beurres, fromages et œufs, volailles et gibier, etc.

PRIX DE L'ABONNEMENT :

UN AN : 20 fr. — SIX MOIS : 10 f . 50

Les abonnements partent du 1er janvier ou du 1er juillet

ABONNEMENT D'ESSAI D'UN MOIS : 2 FR.

ABONNEMENT D'UN AN POUR L'ÉTRANGER | Union postale...................... 20 fr.
| Tous les autres pays............... 25 fr.

Prix du numéro...................... 50 centimes.
—   avec planche coloriée. 75 centimes.

La Librairie agricole possède encore quelques collections complètes du *Journal d'Agriculture pratique* (de 1837 à 1895).

Prix de la collection complète (de 1837 à 1895) : 100 vol. 1000 fr.

Prix de la collection de 1885 à 1895 (nouvelle période avec planches coloriées) : 22 vol. . . . . 220 fr.

☞ Un numéro spécimen **avec planche coloriée** est envoyé à toute personne qui en fait la demande, accompagnée de 80 centimes en timbres-poste.

Bureaux du Journal : 26, rue Jacob, à Paris.

68ᵉ ANNÉE. — 68ᵉ ANNÉE.

REVUE HORTICOLE

JOURNAL D'HORTICULTURE PRATIQUE

FONDÉ EN 1829 PAR LES AUTEURS DU BON JARDINIER

PARAISSANT LE 1ᵉʳ ET 16 DE CHAQUE MOIS
PAR LIVRAISON GRAND IN-8° DE 32 PAGES
AVEC UNE PLANCHE COLORIÉE ET DE NOMBREUSES FIGURES
ET FORMANT CHAQUE ANNÉE UN BEAU VOLUME IN-8° DE 580 PAGES

AVEC 24 MAGNIFIQUES PLANCHES COLORIÉES

ET DE NOMBREUSES GRAVURES

Rédacteurs en chef :
MM. H.-A. CARRIÈRE, ancien chef des pépinières au Muséum d'histoire naturelle,
ED. ANDRÉ, architecte-paysagiste ancien chef de service des plantations suburbaines de la Ville de Paris.

Administrateur : L. BOURGUIGNON.

PRINCIPAUX COLLABORATEURS: MM. G. Alluard, René-Ed. André, Bailly, Charles Baltet, Georges Bellair, Blanchard, D. Bois, Bruno, Cᵗᵉ de Castillon, Chargueraud, H. Correvon, Delaville, J. Gérôme, Ch. Grosdemange, Huguet, Gustave Heuzé, Lambin, Legros, Fernand Lequet fils, A. Lesne, Ch. Maron, Louis Mangin, Fr. Morel, S. Mottet, Nanot, Naudin, Numa Schneider, Ringelmann, Henri Theulier, Henri L. de Vilmorin, Maurice L. de Vilmorin.

La *Revue horticole*, fondée en 1829 par les auteurs du *Bon Jardinier*, et dont les soixante-sept ans d'existence suffisent à affirmer le succès, est aujourd'hui le journal indispensable pour la bonne tenue des jardins, des parcs et des serres. Soins à donner au jardin potager, culture et conservation des légumes, taille des arbres fruitiers, choix des meilleures variétés, jardin fleuriste, jardin paysager, marcottes, boutures, greffes, outils et appareils de jardinage, culture forcée, serres, orangeries, plantes nouvelles ; arbres et arbrisseaux d'utilité et d'agrément, toutes ces questions y sont traitées par les auteurs les plus compétents et les praticiens les plus habiles.

Des gravures de fleurs, fruits, outils, serres, etc., contribuent à la clarté des descriptions, et des **planches coloriées** d'une exécution remarquable, d'après les aquarelles donnent d'éminents artistes, la figure des plantes nouvelles et des fruits nouveaux les plus intéressants, des insectes nuisibles, etc.

Une chronique très complète tient le lecteur au courant de tous les faits qui peuvent intéresser l'horticulture : comptes rendus d'expositions et de congrès, programmes des concours, listes des récompenses, séances de la société nationale d'horticulture de France, etc., etc.

Depuis le 1er janvier 1882, **M. Ed. André**, l'architecte paysagiste si justement apprécié, remplit, conjointement avec **M. E.-A. Carrière**, dont les longs services ont entouré le nom d'une juste popularité, les fonctions de rédacteur en chef de la *Revue horticole*. Cette direction nouvelle, résultant de la collaboration étroite de deux hommes si connus et si appréciés du public horticole, ne pouvait manquer d'être féconde pour les intérêts de l'horticulture française, soutenus par la *Revue horticole* depuis plus d'un demi-siècle.

A l'Exposition universelle de Paris en 1889, le jury a reconnu l'importance des services rendus par la *Revue horticole*, en lui décernant une **médaille d'or**. Déjà précédemment, en 1885, à l'Exposition internationale d'horticulture, la Revue avait obtenu la **grande médaille d'honneur** fondée par le maréchal Vaillant, ancien président de la Société d'horticulture.

La *Revue horticole* continue donc son œuvre, dans des conditions qui sont de nature à en étendre la légitime influence. La plus grande partie de ce résultat est due d'ailleurs à la fidélité bienveillante de ses abonnés, fortifiés dans cette opinion que tous les efforts de la *Revue* ont pour but le progrès constant de l'horticulture française.

PRIX DE L'ABONNEMENT :

FRANCE : UN AN : **20 fr.** — SIX MOIS : **10 fr. 50.**

Les abonnements partent du 1er janvier ou du 1er juillet

ABONNEMENT D'ESSAI D'UN MOIS : 2 FR.

ABONNEMENT D'UN AN POUR L'ÉTRANGER.
Union postale....................... 22 fr.
Tous les autres pays............. 25 fr.

Prix du numéro : Un franc.

La librairie agricole ne possède pas de collection complète (1829 à 1895) de la *Revue horticole*; mais elle possède encore un très petit nombre de collections depuis 1861, c'est-à-dire depuis que la *Revue* est publiée dans le format actuel, avec planches coloriées, et quelques collections de 1882 à 1895, c'est-à-dire depuis la direction de MM. E. A. Carrière et Ed. André.

Prix de la collection de 1861 à 1895 : 34 vol. . 680 francs.

Prix de la collection de 1882 à 1895 : 14 vol. . 280 francs.

☞ Un numéro spécimen est adressé à toute personne qui en fait la demande accompagnée de 30 centimes en timbres-poste.

Bureaux du journal : 26, rue Jacob, à Paris

BULLETIN D'ABONNEMENT.

(1) Nom et Prénom.

(2) Adresse exacte avec indication du bureau de poste.

(3) Un an, 6 mois ou un mois pour essai.

(4) 1er janvier et 1er juillet pour les abonnements de six mois ou d'un an. Les abonnements d'essai peuvent être pris pour un mois quelconque.

(5) Indiquer s'il s'agit du *Journal d'agriculture pratique* ou de la *Revue horticole*.

(6) Mandat-poste ou chèque, pour les abonnements de six mois ou d'un an. — Timbres-poste pour les abonnements d'essai d'un mois.

(7) Un an . . . . .   20 fr. »
 Six mois . . . .   10 fr. 50
 Un mois d'essai.   2 fr. »

Je soussigné (1) ______________________________

____

demeurant à (2) ____________________________

____

demande un abonnement de (3) ______________

à partir du (4) ____________________________

à (5) ______________________________________

Pour le paiement j'envoie ci-joint en (6) ____

la somme de (7) ____________________________
ou j'autorise l'administration à me faire présenter par la poste une quittance du montant de l'abonnement, augmentée des frais de recouvrement.

(Signature.)

☞ Adresser lettres et mandats à **M. Bourguignon**, administrateur du Journal d'agriculture pratique et de la Revue horticole, 26, rue Jacob, à Paris.

TABLE ALPHABÉTIQUE DES NOMS D'AUTEURS.